高等职业教育云计算系列教材

大数据平台应用

张　靖　李俊翰　　主　编

孙小娟　王　磊　　副主编

電子工業出版社

Publishing House of Electronics Industry

北京 • BEIJING

内 容 简 介

本书是结合职业教育的实际情况而开发的云计算技术与应用专业系列教材之一，对云计算技术与应用专业、大数据技术与应用专业的学生及大数据初学者而言是一本不错的入门教程。本书强调理论知识以够用为度，注重动手能力，在动手中逐渐掌握大数据相关技术。

本书内容包括感知大数据、环视 Hadoop、部署 Hadoop 大数据平台、设计爬虫获取数据源、清洗数据与存储结构化、分析大数据、可视化大数据、平台化快速部署 Hadoop 等知识。本书涵盖内容较为广泛，但注重点到为止，方便读者快速入门。

本书不仅可以作为高职高专、应用型本科相关专业的教材，也可以作为云计算培训及自学教材，还可以作为电子信息类专业教师及学生的参考书。

图书在版编目（CIP）数据

大数据平台应用 / 张靖，李俊翰主编. —北京：电子工业出版社，2020.3

ISBN 978-7-121-38540-7

Ⅰ. ①大… Ⅱ. ①张… ②李… Ⅲ. ①数据处理软件－高等学校－教材 Ⅳ. ①TP274

中国版本图书馆 CIP 数据核字（2020）第 031775 号

责任编辑：徐建军　　　　特约编辑：田学清
印　　刷：大厂聚鑫印刷有限责任公司
装　　订：大厂聚鑫印刷有限责任公司
出版发行：电子工业出版社
　　　　　北京市海淀区万寿路 173 信箱　　　邮编：100036
开　　本：787×1092　1/16　印张：12　字数：323 千字
版　　次：2020 年 3 月第 1 版
印　　次：2022 年 1 月第 3 次印刷
定　　价：39.00 元

凡所购买电子工业出版社图书有缺损问题，请向购买书店调换。若书店售缺，请与本社发行部联系，联系及邮购电话：（010）88254888，88258888。

质量投诉请发邮件至 zlts@phei.com.cn，盗版侵权举报请发邮件至 dbqq@phei.com.cn。

本书咨询联系方式：（010）88254570，xujj@phei.com.cn。

前　言

大数据是新一代信息技术的重要组成部分，是国家战略高新技术及相关产业发展的基础技术支撑。大数据技术为各行各业带来了新的发展趋势。随着大数据技术及相关产业的快速发展，对各类技术技能型人才的需求也日趋旺盛。据工业和信息化部统计预测，未来几年将是我国大数据产业人才需求相对集中的时期，对于大数据产业人才的需求每年将呈现数十万的缺口。

本书从技术现状出发，注重发展前沿，软件采用最新版本，以保证教材内容的新颖性；加入丰富的案例，以确保教材内容的多样性；理论联系实际，以体现教材内容的创新性。本书以 Hadoop 为基础，讲解感知大数据、环视 Hadoop、部署 Hadoop 大数据平台、设计爬虫获取数据源、清洗数据与存储结构化、分析大数据、可视化大数据、平台化快速部署 Hadoop 等知识。通过对本书的学习，可以培养读者对大数据发展的整体理解、实操 Hadoop 运维和开发 Hadoop MapReduce 应用程序。

第 1 章讲解感知大数据，主要内容包括定义大数据、洞悉大数据的特征、探究大数据常用的技术、窥视大数据的商业应用等。

第 2 章讲解环视 Hadoop，主要内容包括溯源 Hadoop、查究 Hadoop 分布式文件系统、构建 MapReduce 编程模型、漫游 Hadoop 系统及其生态圈等。

第 3 章讲解部署 Hadoop 大数据平台，主要内容包括掌控 Hadoop 平台的部署模式、部署 Hadoop 集群、编写首个 MapReduce 程序、初次运行 MapReduce 程序等。

第 4 章讲解设计爬虫获取数据源，主要内容包括初探大数据、剖析大数据、爬取大数据、活用 Scrapy 框架高效编制爬虫、运用 Scrapy 等。

第 5 章讲解清洗数据与存储结构化，主要内容包括揭示数据清洗、清洗数据、使用分布式数据库系统和结构存储数据等。

第 6 章讲解分析大数据，主要内容包括透视数据分析、构建分析模型、运用大数据分析算法分析数据等。

第 7 章讲解可视化大数据，主要内容包括洞察 pyecharts 库，活用 pyecharts 库进行大数据的可视化，如柱状图/条形图、散点图、漏斗图、仪表盘、地理坐标图、关系图、热力图、K 线图、折线图/面积图、水球图、地图、饼图、平行坐标系、雷达图、词云图等。

第 8 章讲解平台化快速部署 Hadoop，主要内容包括探寻大数据管理平台、配置基础环境、安装并配置 Ambari、快速部署 Hadoop 大数据集群等。

本书由重庆电子工程职业学院的张靖、李俊翰担任主编，由孙小娟、王磊担任副主编，重庆电子工程职业学院的李腾教授、路亚教授参与内容设计。感谢重庆电子工程职业学院人工智能与大数据学院院长武春岭教授对该书的悉心指导。感谢重庆市交通开投科技发展有限公司高工黄跃军、重庆华伟工业（集团）有限责任公司高工肖松参与本书内容的编写。感谢重庆翰海睿智大数据科技有限公司、北京红亚华宇科技有限公司、新华三技术有限公司参与本书的案例设计和测试。重庆科技学院的陈易、重庆电子工程职业学院的马皖川等同学在本书的编写过程中一直参与案例测试和文字校对等工作，在此也一并表示感谢。

为了方便教师教学，本书配有电子教学课件，请有此需要的教师登录华信教育资源网（www.hxedu.com.cn）注册后免费下载，如有问题可在网站留言板留言或与电子工业出版社联系（E-mail：hxedu@phei.com.cn）。

虽然我们精心组织、认真编写，但错误和疏漏之处在所难免。同时，由于编者水平有限，书中难免存在不足之处，恳请广大读者给予批评和指正，以便在今后的修订中不断改进。

编　者

目录

第1章

感知大数据

重点提示

学习本章内容，请您带着如下问题：

（1）什么是大数据?

（2）大数据常用的技术有哪些?

（3）大数据商用实例有哪些?

任务1 认知大数据

大数据（Big Data）在各行各业，特别是公共服务领域具有广阔的应用前景，其中，通过分析用户行为实现精准营销是大数据的典型应用。大数据技术为各行各业的决策提供了重要依据，在政府、企业、科研项目等决策中扮演着重要的角色，在社会治理和企业管理中起到了不容忽视的作用。

在零售和批发贸易中，从传统模式到电子商务，积累了大量的数据。利用大数据技术可以及时分析库存、基于购物模式优化员工配置等，从而改善用户体验、提高工作效率。

在银行业与证券业中，证券交易委员会可以利用大数据监控金融市场活动，进行风险分析，如反洗钱、企业风险管理、减少欺诈等。

在食品安全方面，利用大数据技术可以实现更加全面的数据采集，记录日常工作，进行质量跟踪，为企业经营者的评价与决策提供支持。

在医疗卫生领域，利用大数据能够建立健全的医疗保障数据库。例如，佛罗里达大学利用免费公共卫生数据和Google地图创建了视觉数据，能够更快速、有效地识别和分析医疗信息，以跟踪慢性病的传播；食品药品监督管理局（Food and Drug Administration，FDA）正在利用大数据来检测和研究与食物相关的疾病及其模式，从而做出更快的响应，提供更有效的治疗，减少死亡。

在军事领域，现代战争是“信息主导”的战争，利用大数据技术能够大幅提高指挥机构的情报获取能力和指挥决策能力；我国国土安全部使用大数据分为几种不同的用例，大数据来自不同政府机构的分析，以及用于保护国家安全的数据。

在交通环保方面，通过对交通数据的收集和分析，可以对现有交通设施的性能进行改善，提高其利用效率；卫星遥感监测、无人机航拍等技术的发展和应用，对于环境监测起到了极大的推动作用，比如，我国开展了多次针对不同专题的全国性和区域性的水利、土壤的普查、清查活动。

在交通行为预测分析方面，通过用户和车辆的基于位置的服务，可以分析出人车出行的个体和群体特征，从而进行交通行为的预测。交通部门通过预测不同时间点不同道路的车流量来进行车辆调度，用户则根据预测结果来选择拥堵率较低的道路出行。

中国、美国及欧盟等国家已将大数据技术列入国家发展战略，微软、谷歌、百度及亚马逊等大型企业也将大数据技术列为未来发展的关键筹码，可见大数据技术在当今乃至未来的重要性。

子任务 1　定义大数据

随着云计算技术的发展，大数据的重要性更加突出。什么是数据呢？数据就是数值，也就是通过观察、实验或计算得出的结果。数据有很多种，最简单的就是数字。数据也可以是文字、图像、声音等。数据可以用于科学研究、设计、查证等。那么，什么是大数据呢？大数据研究机构 Gartner 指出，“大数据”是需要新处理模式才能具有更强的决策力、洞察发现力和流程优化能力的海量、高增长率和多样化的信息资产。同时，麦肯锡全球研究院给出的定义是：“大数据”是一种规模大到在获取、存储、管理、分析方面大大超出了传统数据库软件工具能力范围的数据集合，具有海量的数据规模、快速的数据流转、多样的数据类型和价值密度低四大特征。

子任务 2　洞悉大数据的特征

在维克托・迈尔-舍恩伯格及肯尼思・库克耶编写的《大数据时代》一书中提到了大数据的 4V 特征。

（1）数据容量大（Volume）。数据量的级别在 PB 及以上，可称为海量、巨量甚至超量。只有数据体量达到 PB 级别以上，才能被称为大数据。1PB=1024TB，1TB=1024GB，那么，1PB=1024×1024GB。当前，典型个人计算机硬盘的容量为 TB 量级，而一些大企业的数据量已经接近 EB 量级。

（2）数据类型多样性（Variety）。首先，数据来源众多，如微信、微博等。其次，数据之间的关联性强、交互频繁，如用户在购物网站中的点击行为在一定程度上反映了用户的潜在兴趣爱好和购物倾向等。在大数据中，常见的数据类型有如下 3 种。

① 结构化数据：有固定格式和有限长度的数据。如表格就是结构化数据。

② 非结构化数据：不定长、无固定格式的数据。如语音、视频就是非结构化数据。IDC（Internet Data Center，互联网数据中心）的调查报告显示，企业中 80%的数据是非结构化数据，这些数据每年都按指数增长 60%。

③ 半结构化数据：XML 或 HTML 格式的数据，需要相关的专业技术才能了解。

（3）数据处理速度快（Velocity）。由于大数据的数据量庞大，因此必须具备足够快的数据处理速度，才能满足用户需求，这也是大数据与传统数据的主要区别。数据无处不在，数据处理速度的快慢决定了数据的潜力。

（4）数据价值密度低（Value）。这也是大数据的核心特征。现实世界中的数据不一定都具有价值，且有很多虚假数据。价值密度的高低与数据总量的大小成反比。与传统的小数据相比，大数据最大的价值在于，它能够从大量不相关的各种类型的数据中挖掘出对未来趋势与模式预测分析具有价值的数据，并通过机器学习、人工智能、数据挖掘等方法进行深度分析，以发现新规律和新知识。一般而言，真正有价值的信息是比较分散的，密度也比较低。因此，如何在海量数据中通过强大的机器算法更迅速地寻求有价值的信息并完成数据的价值“提纯”，是目前大数据背景下亟待解决的难题。

任务 2 探究大数据常用的技术

所谓大数据技术，简而言之，就是从各种各样的数据中提取大数据价值的技术。它根据特定目标，经过数据的收集、存储、筛选、算法分析与预测、分析结果展示，为做出正确决策提供依据。那么，大数据常用的技术有哪些呢?

1. 大数据基础阶段

在大数据基础阶段需要掌握的主要技术有 Linux、Docker、KVM、MySQL、Oracle、MongoDB、Redis、Hadoop、HDFS、MapReduce 及 YARN 等。Linux 是一种开源的操作系统，大数据开发通常是在 Linux 环境下进行的，因此需要掌握 Linux 基本操作命令。Docker 是一个开源的引擎，可以为任何应用创建一个轻量级的、可移植的、自给自足的容器；开发人员可以使用 Docker 搭建 Hadoop 集群、HBase 集群、YARN 集群等，让研发和测试团队集成交付更加敏捷高效、生产线环境的运维更有质量保障。KVM 是一个开源的系统虚拟化模块，是 Linux 内核的一个模块。MySQL、Oracle、MongoDB 和 Redis 均为数据库管理系统，用于对大数据进行存储和提取等。其中，MySQL 一般适用于中小型数据库；Oracle 一般适用于大型数据库；MongoDB 为高可用架构；Redis 为中小型高可用架构。Hadoop 是由 Apache 基金会开发的分布式系统基础架构，用户在不了解分布式底层细节的情况下，可用 Hadoop 开发分布式程序。HDFS、MapReduce 和 YARN 是 Hadoop 的三大组件，其中，HDFS 负责存储数据文件，MapReduce 负责文件的分析计算，YARN 负责资源调度。

2. 大数据存储阶段

在大数据存储阶段需要掌握的主要技术有 HBase、Hive 和 Sqoop 等。HBase 是一个分布式的、面向列的开源数据库，是 Hadoop 项目的子项目。Hive 是基于 Hadoop 的一个数据仓库工具。Sqoop 是一个用来将 Hadoop 和关系型数据库中的数据相互转移的工具，可以将关系型数据库（如 MySQL、Oracle、PostgreSQL 等）中的数据导入 HDFS 中，也可以将 HDFS 中的数据导入关系型数据库中。其中，HBase 与 Hive 都是架构在 Hadoop 之上的，都用 Hadoop 作为底层存储。

3. 大数据架构设计阶段

在大数据架构设计阶段需要掌握的主要技术有 Flume、Kafka 和 ZooKeeper 等。Flume 是分布式的日志收集系统，它可以将各台服务器中的数据收集起来并发送到指定的地方，即 Flume 就是用来收集日志的。Kafka 是一种具有高吞吐量的分布式发布订阅消息系统，通过 Hadoop 的并行加载机制来统一线上和离线的消息处理，即通过集群来提供实时的消息。ZooKeeper 是一个开放源码的分布式应用程序协调服务，是 Hadoop 和 HBase 的重要组件。通过搭建 ZooKeeper+Flume+Kafka 集群，可以收集日志信息。

4. 大数据实时计算阶段

在大数据实时计算阶段需要掌握的主要技术有 Mahout、Spark 和 Storm，它们都是常用的大数据处理工具。Mahout 是 Apache Software Foundation（ASF）旗下的一个开源项目，是一个可扩展的机器学习和数据挖掘库，通过使用 Apache Hadoop 库，Mahout 可以有效地扩展到云中。Spark 是专为大规模数据处理而设计的快速通用的计算引擎，是对 Hadoop 的补充，可以在 Hadoop 文件系统中并行运行。Storm 是一个分布式的、容错的实时计算系统，利用 Storm 可以很容易做到可靠地处理无限的数据流，就像 Hadoop 批量处理大数据一样，但 Storm 强调实时性，适用于对实时性要求较高的场合。

5. 大数据采集阶段

在大数据采集阶段需要掌握的主要技术有 Python 和 Scala。Python 是一种解释性、面向对象、动态数据类型的高级程序设计语言。Scala 是一门多范式的编程语言，类似于 Java，其设计初衷是集成面向对象编程和函数式编程的各种特性。相比较而言，Scala 的运行速度更快，使用方便，但上手难；而 Python 的运行速度较慢，但很容易使用。

6. 大数据商业实战阶段

在大数据商业实战阶段需要实际操作企业大数据处理业务场景、分析需求、解决方案实施和综合技术实战应用，涉及 ECharts、D3.js 等技术。企业收集和存储大数据，通过进行大数据分析，制定竞争策略。研究大数据与商业模式之间的关系，以大数据的技术应用为商业模式提供决策支持，进行商业模式的创新。

任务 3　窥视大数据的商业应用

大数据在商业领域的应用非常广泛。例如，在世界杯举办期间，谷歌、百度、微软和高盛等公司均推出了比赛结果预测平台。

百度北京大数据实验室的负责人张桐表示，在百度对世界杯的预测中，共考虑了团队实力、主场优势、最近表现、世界杯整体表现和博彩公司的赔率 5 个因素，这些数据的来源基本上是互联网，随后利用一个由搜索专家设计的机器学习模型来对这些数据进行汇总和分析，进而得出预测结果。

基于大数据的商业应用案例不胜枚举。下面以亚马逊的“信息公司”为例。

作为一家 IT 公司，亚马逊拥有大量的用户注册和运营信息，同时拥有用户在其网站上的行为信息，如用户在某个页面上的停留时间、用户是否查看评论、用户频繁搜索的关键词、用户浏览的商品种类、用户购物车里的商品等。通过对这些大数据信息的分析挖掘，以便更准确地定位客户和获取客户反馈，为用户提供更好的体验。

“在此过程中，你会发现，数据越多，结果越好。为什么有的企业在商业上不断犯错?那是因为它们没有足够的数据对运营和决策提供支持，”亚马逊 CTO Wemer Vogels 说，“一旦进入大数据的世界，企业的手中将握有无限可能。”

（1）亚马逊推荐：电商的各个业务环节都离不开“数据驱动”。在用户搜索某件具体的商品后，平台会推荐其他的同类型商品。

（2）亚马逊预测：通过对用户历史数据的分析，以便预测用户未来的需求。

（3）亚马逊测试：每次更新商品及平台版本都需要经过大量的测试分析。通过分析用户对某件商品或某个平台版本的行为，以便确定最优的方案。

（4）亚马逊记录：亚马逊的移动应用会收集用户手机上的数据，以便了解每个用户的购物喜好。

课后练习

一、选择题

1．数据是指对事物的描述，数据可以记录、（　　）和重组。

A．预测　　B．描述　　C．测量　　D．分析

2．大数据的核心是（　　）。

A．分析　　B．交流　　C．预测　　D．商业模式

3．大数据可以使广告的投放更（　　）。

A．快速　　B．无序　　C．大范围　　D．精准

4．大数据为企业级应用提供的是（　　）信息。

A．正确　　B．精准　　C．参考　　D．唯一

5．大数据代表了互联网的（　　）。

A．硬件层　　B．软件层　　C．信息层　　D．感觉和神经系统

二、填空题

1．大数据的 4V 特征包括：________、________、________、________。

2．在大数据中，常见的数据类型有________、________、________。

3．在大数据存储阶段需要掌握的主要技术有________、________、________。

4．Docker 是一个开源的引擎，可以为任何应用创建一个________、________、自给自足的容器。

5．大数据是指数量级别为________及以上的数据集合。

第 2 章

环视 Hadoop

重点提示

学习本章内容，请您带着如下问题：

（1）Hadoop 是什么？

（2）Hadoop 大数据平台是如何处理大数据的？

（3）Hadoop 生态圈包含哪些组件，分别实现了什么功能？

本章将介绍 Hadoop 的发展历史，详细讲解其核心组件 HDFS 和 YARN 的基本工作原理与运行机制。同时，分别阐述 Hadoop 生态圈及其组件的作用。

任务 1　溯源 Hadoop

我们来了解一下 Hadoop 的发展历史，具体发展节点如图 2-1 所示。

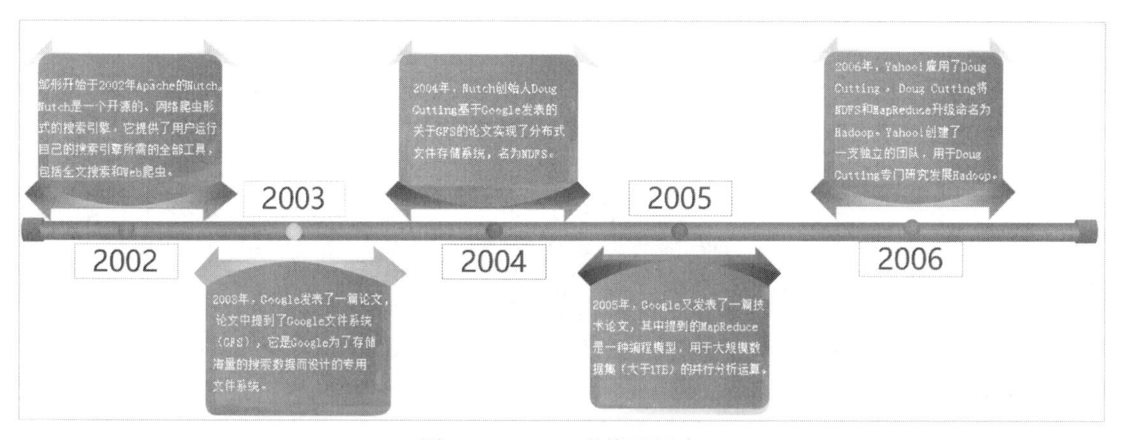

图 2-1　Hadoop 的发展历史

2002 年，Doug Cutting 和 Mike Cafarella 创立了一个开源项目 Nutch。Nutch 是一个开源的、网络爬虫形式的搜索引擎，这也就是 Hadoop 的前身。

2003 年，Google 发表了一篇名为《Google 文件系统》的技术论文，论文中提到的 GFS 也就是 Google 文件系统，是 Google 为了存储海量的搜索数据而设计的专用文件系统。

2004 年，Doug Cutting 和 Mike Cafarella 基于 Google 发表的《Google 文件系统》论文和一些分布式系统的功能，加入 Nutch 项目，实现了分布式文件存储系统，并将它命名为 NDFS（Nutch Distributed File System），这也成为日后 Hadoop 的核心。同年 10 月，Google 发布了第二篇论文《MapReduce：大型集群中简化的数据处理》，讲述了大型集群对数据的处理。

2005 年 2 月，Nutch 项目完成了 MapReduce 的实施工作，这项工作大部分是由 Mike Cafarella 完成的。

2006 年，Doug Cutting 加入 Yahoo!。Doug Cutting 将代码从 Nutch 中剥离出来，作为一个子项目，命名为 Hadoop，这个事件也成为 Hadoop 的“创世纪”事件。Hadoop 项目是以 Doug Cutting 小儿子的毛绒大象玩具的名字来命名的，这也是 Hadoop 的 Logo 是一只大象的原因。同年 3 月，Yahoo!创建了第一个 Hadoop 研究集群。同年 11 月，Google 发布了最初的 BigTable 论文《BigTable：用于结构化数据的一个分布式存储系统》，该文也启发了分布式数据库 HBase 的创建。

2007 年 9 月，Apache 组织的第一个 Hadoop 项目正式发布。2008 年 2 月，Hadoop 成为顶级的 Apache 项目。2008 年 6 月，由 Facebook 发明的 Hive 诞生，成为 Hadoop 的第一个 SQL 访问框架，也是 Hadoop 的一个子项目。2008 年 8 月，Cloudera 成立，成为第一家把 Hadoop 商业化的公司。2008 年 9 月，Apache 发布 Pig，成为 Hadoop 的第一个高级别非 SQL 框架。之后，依据 Hadoop 的框架逐渐发展，成为 Hadoop 的生态圈。

可以从以下几个方面来理解 Hadoop 的概念。

（1）Apache Hadoop 是一款支持数据密集型分布式应用并以 Apache 2.0 许可协议发布的开源软件框架。它支持在商品硬件构建的大型集群上运行的应用程序。

（2）Hadoop 是一套开源的软件平台，利用服务器集群，根据用户的自定义业务逻辑，对海量数据进行分布式处理。

（3）从计算机专业的角度来看，Hadoop 是一个分布式系统基础架构，由 Apache 基金会开发。Hadoop 的主要目标是对分布式环境下的“大数据”以一种可靠、高效、可伸缩的方式进行处理。

（4）Hadoop 框架透明地为应用提供可靠性和数据移动。它实现了名为 MapReduce 的编程范式：应用程序被分割成许多小部分，而每个小部分都能在集群中的任意节点上执行或重新执行。

（5）Hadoop 还提供了分布式文件系统，用于存储所有计算节点的数据，这为整个集群带来了非常高的运行速度。MapReduce 和分布式文件系统的设计使得整个框架能够自动处理节点故障。它使应用程序与成千上万独立运行的计算机和 PB 级的数据连接起来。

截至目前，Hadoop 发布了 3 个大的版本。针对 Hadoop 3.0，有以下几个新特点：

（1）基于 JDK 1.8。

（2）MapReduce 采用基于内存的计算，提升了性能。

（3）HDFS 通过对块（Block）进行计算，加快了数据块的获取速度。

（4）支持多 NameNode。

（5）精简了内核。

（6）减少了存储空间。

（7）Hadoop Shell 脚本重构。

Hadoop 2.0 和 Hadoop 3.0 的特性比较如表 2-1 所示。

表 2-1 Hadoop 2.0 与 Hadoop 3.0 的特性比较

特 性	Hadoop 2.0	Hadoop 3.0
开源性	开源	开源
支持 Java 最低版本	JDK 1.7	JDK 1.8
容错性	通过复制处理容错，浪费空间	通过 Erasure 编码处理容错

续表

特　　性	Hadoop 2.0	Hadoop 3.0
数据平衡性	使用 HDFS 平衡器	使用 Intra-data 节点平衡器
存储开销	200%。如果有 6 个块，由于副本方案，则将占用 18 个块空间	50%。如果有 6 个块，则占用 9（6 个块+3 个块做奇偶校验）个块空间
可扩展性	集群最多支持 10 000 个节点	更强的扩展性
数据访问速度	具有一定的缓存设计，可以快速访问数据	通过 DataNode 缓存可以更快地访问数据
HDFS 快照支持	支持	支持
单点故障	具有 SPOF（Single Point of Failure，单点故障）功能，因此，只要 NameNode 失败，它就会自动恢复	具有 SPOF 功能，因此，只要 NameNode 失败，它就会自动恢复，无须人工干预就可以克服单点故障
集群资源管理	使用 YARN，能够提高整个分布式系统的可扩展性、高可用性	使用 YARN

子任务 1　较量 Hadoop 与传统文件系统

1. Hadoop 与分布式系统

摩尔定律指出，当价格不变时，集成电路上可容纳的晶体管数目约每隔 18 个月便会增加一倍，性能也将提升一倍。但是，解决大规模数据计算问题不能单纯依靠制造越来越大型的服务器。

对于分布式系统与大型服务器，从 I/O 性价比层面进行分析。

（1）一台四 I/O 通道的高端机，每个通道的吞吐量为 100MB/s，读取 4TB 数据需要将近 3 小时。而使用 Hadoop，同样的数据被划分为较小的块（通常为 64MB），通过 HDFS 分布到集群内的多台计算机上，集群可以并行存取数据。通常，一组通用的计算机比一台高端机要便宜很多。

（2）Hadoop 与其他分布式系统类似，如 SETI@home，它的一台中央服务器存储了来自太空的无线电信号，并把这些信号发送给分布在世界各地的客户端计算，再将计算返回的结果存储起来。

（3）Hadoop 与其他分布式系统对待数据的理念不同。SETI@home 需要服务器和客户端重复地传输数据，这种方式在处理密集型数据时，会使得数据迁移变得十分困难。而 Hadoop 强调把代码向数据迁移，即在 Hadoop 集群中既包含数据，又包含运算环境，并且尽可能让一段数据的计算发生在同一台机器上。因为代码比数据更容易移动，所以 Hadoop 的设计理念就是把要执行的计算代码移动到数据所在的机器上。

2. Hadoop 与 SQL 数据库

从总体上看，现在大多数数据应用处理的主力是关系型数据库，即 SQL 面向的是结构化数据，而 Hadoop 针对的是非结构化数据。从这一角度来看，Hadoop 针对数据处理提供了一种更为通用的方式。

将 Hadoop 与 SQL 数据库进行比较，有以下几点不同。

1）用 scale-out 代替 scale-up

拓展商用服务器的代价是高昂的。要想运行一个容量更大的数据库，就需要一台容量更大的服务器。事实上，各服务器厂商往往会把其昂贵的高端机标称为“数据库级服务器”。不过，有时候需要处理更大的数据集，却找不到容量更大的机器。而更为重要的是，高端机对于许多应用而言并不经济。

2）用键值对代替关系表

关系型数据库需要将数据按照某种格式存放到具有关系型数据结构的表中，但是，许多当前的数据模型并不能很好地适应这些格式，如文本、图片、XML 等。此外，大型数据集往往是非结构化或半结构化的。而 Hadoop 以键值对作为基本的数据单元，能够灵活地处理较少结构化的数据类型。

3）用函数式编程（MapReduce）代替声明式查询（SQL）

SQL 从根本上来说是一种高级的声明式语言，它的手段是声明用户想要的结果，并让数据库引擎判断如何获取数据。而在 MapReduce 程序中，实际的数据处理步骤是由用户指定的。SQL 使用查询语句，而 MapReduce 使用程序和脚本。MapReduce 还可以建立复杂的数据统计模型，或者改变图像数据的处理格式。

4）用离线批量处理代替在线处理

Hadoop 并不适合处理那种对几条记录随机读/写的在线事务处理模式，而适合一次写入、多次读取的数据需求。

子任务 2 发现 Hadoop 的核心和特点

Hadoop 的核心就是 HDFS、MapReduce 和 YARN。

1．HDFS

1）HDFS 的设计特点

（1）HDFS 的大数据文件主要用于 TB 级数据的处理和存储。文件过小会影响系统整体 I/O 性能。

（2）文件分块存储。HDFS 会将一个完整的大数据文件平均分块存储到不同的计算机上，以便高效率地读取数据。

（3）流式数据访问。一次写入，多次读/写。这种模式跟传统文件不同，它不支持动态改变文件的内容，而要求文件一次写入就不再变化，要变化也只能在文件末尾添加内容。

（4）廉价的硬件。作为 Hadoop 集群搭建的硬件主机可以是一般的台式机或服务器，不需要购买昂贵的、专用的服务器等设备。

（5）硬件故障。HDFS 认为，所有的计算机都可能会出现问题。为了防止某台主机失效，读取不到该主机上的块文件，它将同一个文件块副本分配到其他几台主机上，如果其中的一台主机失效，则可以迅速找到另一个文件块副本来获取文件。

2）HDFS 的关键因素

（1）Block：将一个文件进行分块，块的大小通常是 64MB。在 Hadoop 2.x 中，块的大小为 128MB。而在 Hadoop 3.x 中，块的大小为 256MB。

（2）NameNode：保存整个文件系统的目录信息、文件信息及分块信息，由唯一一台主机专门保存。如果这台主机出错，那么 NameNode 便会失效。

（3）DataNode：分布在廉价的计算机上，用于存储块文件。

2．MapReduce

通俗地理解，“Map”表示数据的读取，“Reduce”表示将 Map 读取的数据汇总。

MapReduce 是一套从海量数据中提取分析元素，最后返回结果集的编程模型。将文件分布式存储到硬盘是第一步，而从海量数据中提取分析我们需要的内容就是 MapReduce 的工作。

MapReduce 的基本原理是：先将大的数据分成小块逐个分析，再将提取出来的数据汇总分析，最终得到我们想要的数据。Hadoop 已经提供了数据分析的实现，只需编写简单的需求命令，即可得到我们想要的数据。

3．YARN

YARN 是一个新的 MapReduce 框架，主要用于任务调度与资源管理。

子任务 3　初访 MapReduce

也许你知道管道和消息队列数据处理模型，其中，管道有助于进程原语的重用，用已有模块的简单连接就可以组成一个新的模块；消息队列则有助于进程原语的同步。

同样，MapReduce 也是一种数据处理模型，它最大的特点就是容易拓展到多个计算机节点上处理数据。在 MapReduce 中，进程原语通常被称作 Mapper 和 Reducer。将一个数据处理应用分解为多个 Mapper 和 Reducer 是非常烦琐的，但是，一旦写好了一个 MapReduce 应用程序，仅需通过配置，就可以将其拓展到集群中的成百上千个节点上运行，这种简单的可拓展性使得 MapReduce 吸引了大量的程序员。接下来体验一下 MapReduce 的魅力。

1．手动拓展一个简单的单词计数程序

统计一个单词的出现次数，文档内容只有一句话：“do as i say , not as i do。”如果文档很小，则用一段简单的代码即可实现。下面是一段伪代码：

```
define wordCount as Multiset;
     for each document in documentSet {
          T = tokenize (document) ;
          for each token in T {
               wordCount[token]++;
          }
     }
    display (wordCount) ;
```

但是，这个程序只适合处理小文档。我们试着重写程序，使它可以分布在多台计算机上，每台计算机处理文档的不同部分，再把这些计算机处理的结果放到第二阶段，由第二阶段来合并第一阶段的结果。

第一阶段要分布到多台计算机上的代码如下：

```
define wordCount as Multiset;
     for each document in documentSet {
          T = tokenize (document) ;
          for each token in T {
               wordCount[token]++;
          }
     }
  sendToSecondPhase (wordCount) ;
```

第二阶段的伪代码如下：

```
define totalWordCount as Multiset;
 for each wordCount received from firstPhase {
         multisetAdd (totalWordCount, wordCount);
 }
```

如果这么设计程序，则还有什么其他困难吗？一些细节可能会妨碍它按预期工作。

（1）如果数据集很大，那么中心存储服务器的性能可能无法满足需求，因此需要把文档分布到多台计算机上存储。

（2）wordCount 被存放在内存中。同样，如果数据集很大，那么一个 wordCount 就有可能超过内存容量。因此，不能将其存放在内存中，需要实现一个基于磁盘的散列表，其中涉及大量编码。

（3）第二阶段如果只有一台计算机，则显然不太合理。如果按照第一阶段的设计，把第二阶段的任务也分布到多台计算机上是否可行？当然是可行的，但是，必须将第一阶段的结果按照某种方式分区，使其每个分区可以独立运行在第二阶段的各台计算机上。比如，第二阶段的计算机 A 只统计以 a 开头的 wordCount，计算机 B 只统计以 b 开头的 wordCount，以此类推。

现在，这个单词计数程序正在变得复杂。为了使它能够运行在一个分布式计算机集群中，需要添加以下功能：

（1）存储文件到多台计算机上。

（2）编写一个基于磁盘的散列表，使其不受计算机内存限制。

（3）划分来自第一阶段的中间数据。

（4）洗牌第一阶段的分区到第二阶段合适的计算机上。

仅仅这么一个简单的小问题就需要考虑这么多细节，这就是我们需要一个 Hadoop 框架的原因。当我们使用 MapReduce 模型编写程序时，Hadoop 框架可以管理所有与可拓展性相关的底层问题。

2．相同程序在 MapReduce 中拓展

Map 和 Reduce 程序必须遵循以下键和值类型的约束：

（1）应用的输入必须组织为一个键值对列表 List<key1,value1>，输入格式不受约束。例如，处理多个文件的输入格式可以是 List<String filename,String fileContent>。

（2）含键值对的列表被拆分，进而通过调用 Mapper 的 Map 函数对每个键值对<K1,V1>进行处理，Mapper 转换每个<K1,V1>，并将其结果并入<K2,V2>。在上面的例子中，Mapper 转换成的是一个<String word,Integer count>列表。

（3）所有 Mapper 的输出被聚合在一个巨大的<K2,V2>列表中，所有共享 K2 的键值对被组织在一起，成为一个新的键值对列表<K2,List(V2)>，让 Reducer 处理每个聚合起来的<K2,List(V2)>，并将处理结果转换成<K3,V3>，MapReduce 框架自动搜索所有<K3,V3>并将其写入文件中。

Hadoop 是一个通用的工具，它让新用户可以享受到分布式计算的好处。通过采用分布式存储、迁移代码而非迁移数据，Hadoop 在处理大数据集时避免了耗时的数据传输问题。此外，数据冗余机制允许 Hadoop 从单点失效中恢复。可以看到，在 Hadoop 中使用 MapReduce 模型编写程序非常方便，而且不必担心如何分割数据、如何分配任务执行节点、如何管理节点间的通信。

任务 2　查究 Hadoop 分布式文件系统

子任务 1　探究 HDFS 工作机制

1. HDFS 及核心功能介绍

Hadoop 分布式文件系统（HDFS）是 Hadoop 应用到的一个最主要的分布式存储系统。HDFS 的前身是 Google 文件系统（GFS）。一个 HDFS 集群主要由一个 NameNode 和很多个 DataNode 组成：NameNode 负责管理文件系统的元数据；而 DataNode 负责存储实际的数据。HDFS 架构设计中的图解描述了 NameNode、DataNode 和客户端之间基本的交互操作。基本上，客户端联系 NameNode 以获取文件系统的元数据或修饰属性，而真正的文件 I/O 操作是直接和 DataNode 进行交互的。

下面解释一下 HDFS 中的几个重要概念。

块（Block）：在物理磁盘中有块（Block）的概念，Block 是物理磁盘操作的最小单元，一般为 512Byte。文件系统是在物理磁盘上抽象的一层概念，文件系统的 Block 是物理磁盘的 Block 的整数倍，通常情况下是几 KB。Hadoop 提供的 df、fsck 这类运维工具都是在文件系统的 Block 级别上进行操作的。

HDFS 也是按照 Block 来进行读/写操作的，但是，HDFS 的 Block 要比一般文件系统的 Block 大得多，默认为 128MB。HDFS 的文件被拆分成多个分块（Chunk），Chunk 作为独立单元存储。比 Block 小的文件不会占用整个 Block，只会占用实际大小。例如，如果一个文件的大小为 1MB，那么它在 HDFS 中只会占用 1MB 的空间，而不是 128MB。

1）为什么 HDFS 的 Block 这么大

HDFS 的 Block 这么大是为了最小化查找时间，控制定位文件所用时间占传输文件所用时间的比例。假设定位到 Block 所需的时间为 10ms，磁盘传输速度为 100MB/s。如果要将定位到 Block 所用的时间占传输时间的比例控制在 1%，则 Block 的大小约为 100MB。但是，如果将 Block 设置得过大，在 MapReduce 任务中 Map 任务或 Reduce 任务的个数小于集群机器数量，则会使得整个作业的运行效率变得很低。这也是为什么 HDFS 的 Block 大小默认为 128MB。当然，也可以在 HDFS 的配置中更改其大小。

2）Block 抽象的好处

Block 的拆分使得单个文件大小可以大于整个磁盘的容量，构成文件的 Block 可以分布在整个集群上。理论上，单个文件可以占据集群中所有机器的磁盘。

Block 的抽象也简化了存储系统。对于 Block，无须关注其权限、所有者等内容（这些内容都在文件级别上进行控制）。

Block 作为容错和高可用机制中的副本单元，即以 Block 为单位进行复制。

NameNode（命名节点）：负责存放文件系统树及所有文件、目录的元数据。元数据可持久化为两种形式，即 namespcae image（命名空间镜像）和 edit log（编辑日志）。

在 HDFS 中，NameNode 可能成为集群的单点故障。当 NameNode 不可用时，整个文件系统是不可用的。HDFS 针对单点故障提供了两种解决机制。

（1）备份持久化元数据。将文件系统的元数据同时写到多个文件系统中，例如，将元数据同时写到本地文件系统及 NFS 中。这些备份操作都是同步的、原子的。

（2）第二命名节点（Secondary NameNode）。第二命名节点定期合并主 NameNode 的命名空间镜像和编辑日志，避免编辑日志过大，通过创建检查点（Checkpoint）来进行合并。它会维护一个合并后的命名空间镜像副本，可用于在 NameNode 完全崩溃时恢复数据。

DataNode（数据节点）：负责存储和提取 Block，读/写请求可能来自 NameNode，也可能直接来自客户端。DataNode 会定期向 NameNode 汇报自身所保存的文件 Block 信息。

2. HDFS 的文件写入流程

HDFS 的文件写入流程图如图 2-2 所示。

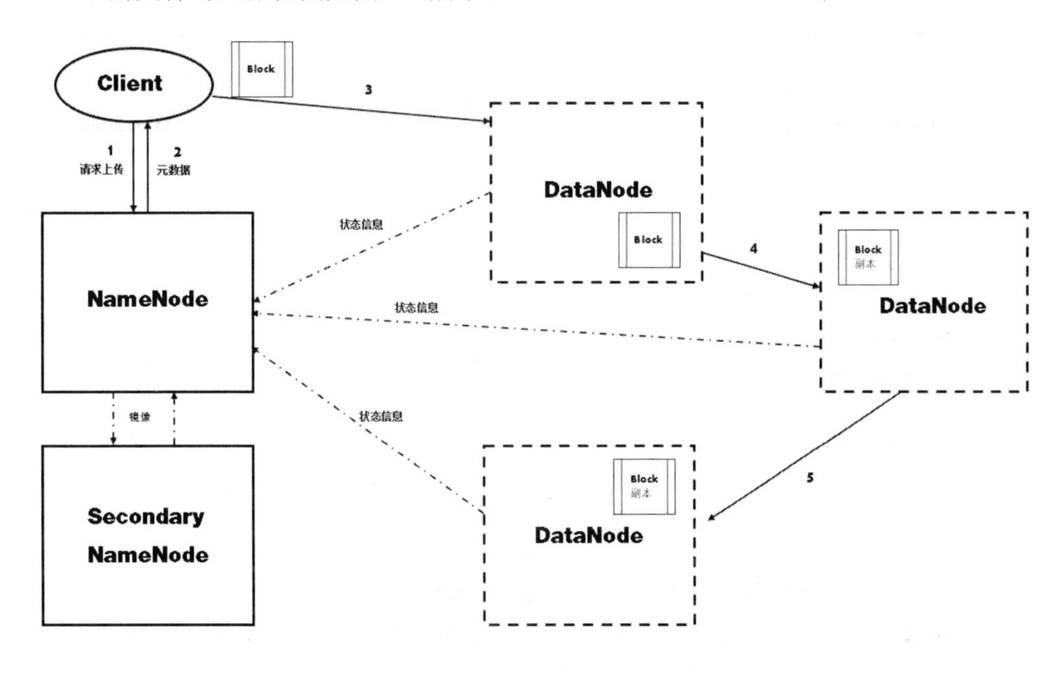

图 2-2　HDFS 的文件写入流程图

具体流程如下：

（1）Client 向 HDFS 发出上传文件的请求。

（2）HDFS 请求被传送至 NameNode，NameNode 向 edits 中记录元数据操作日志，NameNode 根据 Client 文件的大小计算并返回元数据信息给 Client，其中包括分成多少个 Block、不同的 Block 放在哪些 DataNode 上等信息。

（3）Client 根据 NameNode 返回的元数据信息将文件切分成 *n* 个 Block，每个 Block 的大小默认是 128MB。将第一个 Block 上传至 Client 选中的一个 DataNode 上。

（4）上传完成后，该 DataNode 将复制该 Block 作为副本到其他 DataNode 上。在默认情况下，一个 Block 会有 3 个副本，并且分布在不同的 DataNode 上，这也是单点故障的解决方案。如果复制失败，则会重新分配 DataNode 进行复制。以此类推，把所有数据传送至 DataNode 上。

（5）Client 上传文件成功后，将成功信息返回给 NameNode，NameNode 将本次元数据信息写入内存中。

（6）当 edits 写满时，需要将这段时间内产生的新的元数据刷到 fs_image 文件中，这个过程在第二命名节点中进行。

（7）当第二命名节点在 NameNode 中的 edits 数据写满时，通过 Checkpoint 操作实现 NameNode 和第二命名节点镜像的同步。但是，第二命名节点不能代替 NameNode 的功能。

3．HDFS 的文件读取流程

HDFS 的文件读取流程图如图 2-3 所示。

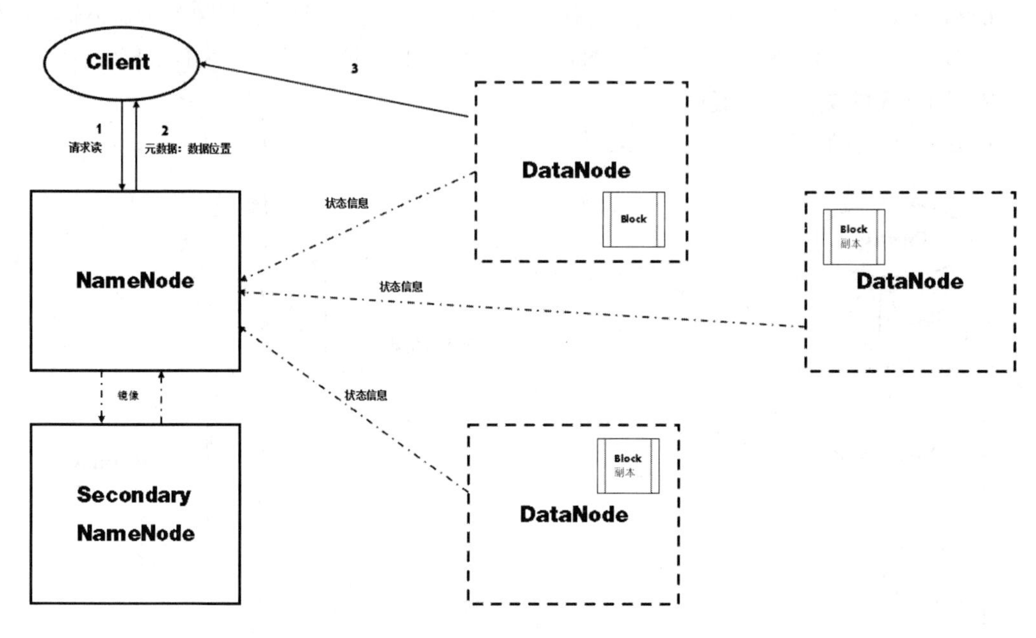

图 2-3　HDFS 的文件读取流程图

具体流程如下：

（1）客户端将要读取的文件路径发送给 NameNode。

（2）NameNode 获取文件的元数据信息（主要是 Block 的存放位置信息）并返回给客户端。

（3）客户端根据返回的元数据信息找到相应的 DataNode（就近原则或随机），逐个获取文件的 Block。

（4）在客户端本地进行数据的追加合并，从而获得整个文件。

4．Hadoop 的重要特性

Hadoop 具有如下几个重要特性：

（1）Hadoop（包括 HDFS）非常适合在商用硬件（Commodity Hardware）上做分布式存储和计算，因为它不仅具有容错性，而且非常易于扩展。MapReduce 框架以其在大型分布式系统应用上的简单性和可用性而著称，这个框架已经被集成到 Hadoop 中。

（2）HDFS 的可配置性极高，同时，它的默认配置能够满足很多的安装环境。在大多数情况下，这些参数只在非常大规模的集群环境下才需要调整。

（3）用 Java 语言开发，支持所有的主流平台。

（4）支持类 Shell 命令，可直接和 HDFS 进行交互。

（5）NameNode 和 DataNode 有内置的 Web 服务器，方便用户检查集群的当前状态。

（6）新特性和改进会定期加入 HDFS 的实现中。

5．HDFS 中的常用特性

HDFS 中的常用特性有如下几个。

（1）文件权限和授权。

（2）机架感知（Rack Awareness）：在调度任务和分配存储空间时考虑节点的物理位置。

（3）安全模式：一种维护需要的管理模式。

（4）fsck：一个诊断文件系统健康状况的工具，能够发现丢失的文件或数据块。

（5）Rebalancer：当 DataNode 之间的数据不均衡时，平衡集群上的数据负载。

（6）升级和回滚：在软件更新后有异常发生的情形下，能够回滚到 HDFS 升级之前的状态。

（7）Secondary NameNode：对文件系统的命名空间执行周期性的检查，将 NameNode 上 HDFS 改动日志文件的大小控制在某个特定的限度下。

子任务 2　厘清 HDFS 的前提和设计目标

1. 硬件错误

硬件错误是常态，而不是异常。HDFS 可能由成百上千台服务器所构成，在每台服务器上存储着文件系统的部分数据。我们面对的现实是，构成系统的组件数目是巨大的，而且任何一个组件都有可能失效，这意味着总有一部分 HDFS 的组件是不工作的。因此，错误检测和快速、自动恢复是 HDFS 最核心的架构目标。

2. 流式数据访问

运行在 HDFS 上的应用和普通的应用不同，需要流式访问它们的数据集。在 HDFS 的设计中更多地考虑到了数据批处理，而不是用户交互处理。比起数据访问的低延迟问题，更关键的在于数据访问的高吞吐量。POSIX 标准设置的很多硬性约束对 HDFS 应用系统不是必需的。为了提高数据访问的吞吐量，在一些关键方面对 POSIX 的语义做了一些修改。

3. 大规模数据集

运行在 HDFS 上的应用具有很大的数据集。HDFS 上的一个典型文件的大小一般都在 G 字节至 T 字节。因此，HDFS 被调节以支持大文件存储。它应该能提供整体上较高的数据传输带宽，能在一个集群里扩展到数百个节点。一个单一的 HDFS 实例应该能支撑数以千万计的文件。

4. 简单的一致性模型

HDFS 应用需要一个“一次写入，多次读取”的文件访问模型。一个文件经过创建、写入和关闭之后就不需要改变。这一假设简化了数据一致性问题，并且使高吞吐量的数据访问成为可能。Map/Reduce 应用或网络爬虫应用都非常适合这个模型。目前还有计划在将来扩充这个模型，使之支持文件的附加写操作。

5. 移动计算比移动数据更划算

一个应用请求的计算离它操作的数据越近就越高效，在数据达到海量级别的时候更是如此。因为这样就能降低网络阻塞的影响，提高数据访问的吞吐量。将计算移动到数据附近，比起将数据移动到应用所在显然更好。HDFS 为应用提供了将它们自己移动到数据附近的接口。

6. 异构软硬件平台间的可移植性

HDFS 在设计的时候就考虑到平台间的可移植性。这种特性方便了 HDFS 作为大规模数据应用平台的推广。

7. NameNode 和 DataNode

HDFS 采用 Master/Slave 架构，具体架构图如图 2-4 所示。一个 HDFS 集群是由一个

NameNode 和一定数目的 DataNode 组成的。NameNode 是一台中心服务器，负责管理文件系统的命名空间（Namespace）及客户端对文件的访问。集群中的 DataNode 一般是一个节点一个，负责管理它所在节点上的存储。HDFS 暴露了文件系统的命名空间，用户能够以文件的形式在上面存储数据。从内部来看，一个文件其实被分成一个或多个数据块，这些数据块存储在一组 DataNode 上。NameNode 负责执行文件系统命名空间的操作，如打开、关闭、重命名文件或目录，也负责确定数据块到具体 DataNode 的映射。DataNode 负责处理文件系统客户端的文件读/写，并在 NameNode 的统一调度下执行数据块的创建、删除和复制工作。

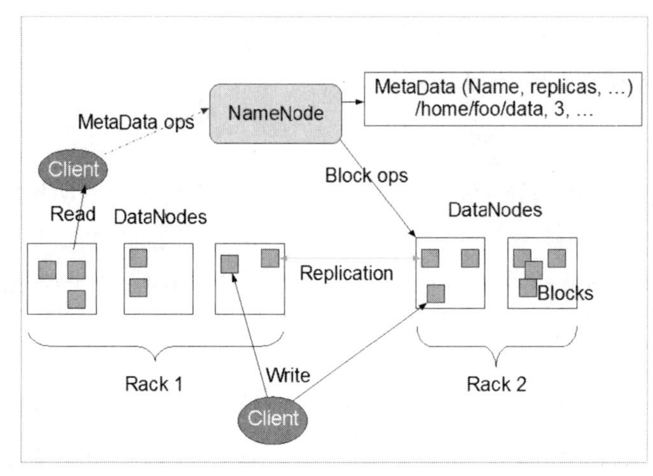

图 2-4　HDFS 架构图

NameNode 和 DataNode 被设计成可以在普通的商用机器上运行。这些机器一般运行着 GNU/Linux 操作系统（OS）。HDFS 采用 Java 语言开发，因此，任何支持 Java 语言的机器都可以部署 NameNode 或 DataNode。由于采用了可移植性极强的 Java 语言，使得 HDFS 可以部署到多种类型的机器上。一个典型的部署场景是，在一台机器上只运行一个 NameNode 实例，而在集群中的其他机器上分别运行一个 DataNode 实例。这种架构并不排斥在一台机器上运行多个 DataNode 实例，只不过这样的情况比较少见。

集群中单一 NameNode 的结构大大简化了系统的架构。NameNode 是所有 HDFS 元数据的仲裁者和管理者。

8．文件系统的命名空间

HDFS 支持传统的层次型文件组织结构。用户或应用程序可以创建目录，然后将文件保存在这些目录里。文件系统命名空间的层次结构和大多数现有文件系统的层次结构类似，用户可以创建、删除、移动或重命名文件。当前，HDFS 既不支持用户磁盘配额和访问权限控制，也不支持硬链接和软链接。但是，HDFS 架构并不妨碍实现这些特性。

NameNode 负责维护文件系统的命名空间，任何对文件系统命名空间或属性的修改都将被 NameNode 记录下来。应用程序可以设置 HDFS 保存的文件的副本数目。文件的副本数目称为文件的副本系数，这个信息也是由 NameNode 保存的。

9．数据复制

HDFS 被设计成能够在一个大集群中跨机器可靠地存储超大文件。它将每个文件存储成一系列的数据块，除了最后一个，所有的数据块大小是相同的。为了实现容错，文件的所有数据块都会有副本。每个文件的数据块大小和副本系数都是可配置的。应用程序可以指定某个文件的副本数目。副本系数可以在创建文件的时候指定，也可以在之后改变。HDFS 中的文件都是一次性写入的，并且严格要求在任何时刻只能有一个写入者。

NameNode 全权管理数据块的复制，它周期性地从集群中的每个 DataNode 那里接收心跳信号和块状态报告（Block Report）。接收到心跳信号意味着该 DataNode 正常工作。块状态报告包含了该 DataNode 上所有数据块的列表，如图 2-5 所示。

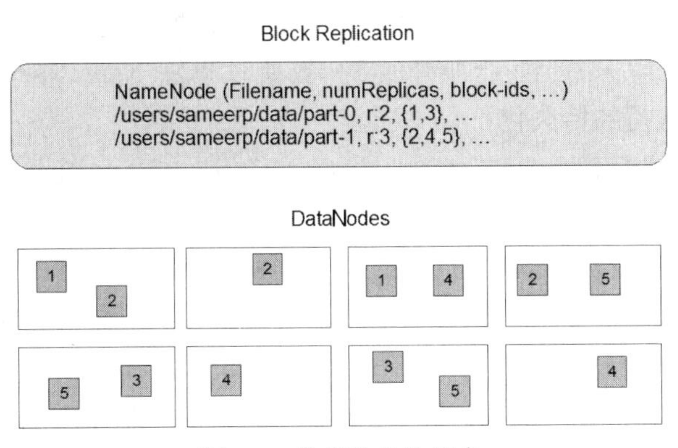

图 2-5 数据块及块信息

10．副本存放：最开始的一步

副本的存放是 HDFS 可靠性和性能的关键。优化的副本存放策略是 HDFS 区别于其他大部分分布式文件系统的重要特性。这种特性需要做大量的调优，并且需要经验的积累。HDFS 采用一种称为机架感知的策略来改进数据的可靠性、可用性和网络带宽的利用率。目前实现的副本存放策略只是在这个方向上的第一步。实现这个策略的短期目标是验证它在生产环境下的有效性，观察它的行为，为实现更先进的策略打下测试和研究的基础。

大型 HDFS 实例一般运行在由跨越多个机架的计算机组成的集群上，不同机架上的两台计算机之间的通信需要经过交换机。在大多数情况下，同一个机架内的两台计算机间的带宽会比不同机架内的两台计算机间的带宽大。

通过一个机架感知的过程，NameNode 可以确定每个 DataNode 所属的机架 ID。一个简单但没有优化的策略就是将副本存放在不同的机架上。这样可以有效地防止当整个机架失效时数据的丢失，并且允许在读数据的时候充分利用多个机架的带宽。这种策略设置可以将副本均匀地分布在集群中，有利于在组件失效的情况下实现负载均衡。

在大多数情况下，副本系数是 3。HDFS 的存放策略是：将一个副本存放在本地机架的节点上，将一个副本存放在同一个机架的另一个节点上，将最后一个副本存放在不同机架的节点上。这种策略减少了机架间的数据传输，提高了写操作的效率。机架的错误远远比节点的错误少，所以这个策略不会影响到数据的可靠性和可用性。与此同时，因为数据块只存放在 2 个（不是 3 个）不同的机架上，所以此策略减少了在读取数据时所需的网络传输总带宽。

11．副本选择

为了降低整体的带宽消耗和读取延迟，HDFS 会尽量让读取程序读取离它最近的副本。如果在读取程序的同一个机架上有一个副本，就读取该副本。如果一个 HDFS 集群跨越多个数据中心，那么客户端也将首先读取本地数据中心的副本。

12．安全模式

NameNode 启动后会进入一个称为安全模式的特殊状态。处于安全模式的 NameNode 是不会进行数据块的复制的。NameNode 从所有的 DataNode 那里接收心跳信号和块状态报告。块状态报告包含了某个 DataNode 上所有数据块的列表。每个数据块都有一个指定的最小副本系数。当 NameNode 检测确认某个数据块的副本数目达到这个最小值时，该数据块就会被认为是副本安全（Safely Replicated）的；在一定百分比（这个参数可配置）的数据块被 NameNode 检测确认是副本安全的之后（加上一个额外的 30s 等待时间），NameNode 将退出安全模式。

13．文件系统元数据的持久化

在 NameNode 上保存着 HDFS 的命名空间。任何对文件系统元数据产生修改的操作，NameNode 都会使用一种称为 EditLog 的事务日志将其记录下来。

NameNode 在内存中保存着整个文件系统的命名空间和文件数据块映射（Blockmap）的映像。这个关键的元数据结构设计得很紧凑，因而一个有 4GB 内存的 NameNode 足够支撑大量的文件和目录。当 NameNode 启动时，它从硬盘中读取 EditLog 和 FsImage，将所有 EditLog 中的事务作用在内存中的 FsImage 上，并将这个新版本的 FsImage 从内存中保存到本地磁盘上，然后删除旧的 EditLog，因为这个旧的 EditLog 中的事务都已经作用在 FsImage 上。这个过程被称为一个检查点。在当前实现中，检查点只发生在 NameNode 启动时，在不久的将来将支持周期性的检查点。

DataNode 将 HDFS 数据以文件的形式存储在本地的文件系统中，它并不知道有关 HDFS 文件的信息。它把每个 HDFS 数据块存储在本地文件系统的一个单独的文件中。DataNode 并不在同一个目录中创建所有的文件，实际上，它用试探的方法来确定每个目录中的最佳文件数目，并且在适当的时候创建子目录。在同一个目录中创建所有的本地文件并不是最优的选择，这是因为本地文件系统可能无法高效地在单个目录中支持大量的文件。当一个 DataNode 启动时，它会扫描本地文件系统，产生一个这些本地文件对应的所有 HDFS 数据块的列表，然后作为报告发送到 NameNode，这个报告就是块状态报告。

14．通信协议

所有的 HDFS 通信协议都是建立在 TCP/IP 协议之上的。客户端通过一个可配置的 TCP 端口连接到 NameNode，通过 ClientProtocol 协议与 NameNode 交互。而 DataNode 使用 DataNodeProtocol 协议与 NameNode 交互。一个远程过程调用（Remote Procedure Call，RPC）模型被抽象出来封装 ClientProtocol 和 DataNodeProtocol 协议。在设计上，NameNode 不会主动发起 RPC，而会响应来自客户端或 DataNode 的 RPC 请求。

15．健壮性

HDFS 的主要目标就是即使在出错的情况下也要保证数据存储的可靠性。常见的 3 种出错情况是：NameNode 出错、DataNode 出错和网络割裂（Network Partitions）。

16．磁盘数据错误，心跳检测和重新复制

每个 DataNode 周期性地向 NameNode 发送心跳信号。网络割裂可能会导致一部分 DataNode 跟 NameNode 失去联系。NameNode 通过心跳信号的缺失来检测这一情况，并将这些近期不再发送心跳信号的 DataNode 标记为宕机，不会再将新的 I/O 请求发送给它们。任何存储在宕机 DataNode 上的数据将不再有效。DataNode 的宕机可能会引起一些数据块的副本系数低于指定值，NameNode 不断地检测这些需要复制的数据块，一旦发现就启动复制操作。

17．集群均衡

HDFS 的架构支持数据均衡策略。如果某个 DataNode 上的空闲空间低于特定的临界点，按照均衡策略，系统就会自动地将数据从这个 DataNode 移动到其他空闲的 DataNode 上。当对某个文件的请求突然增加时，也可能启动一个计划创建该文件新的副本，同时重新平衡集群中的其他数据。这些均衡策略目前还没有实现。

18．数据完整性

从某个 DataNode 那里获取的数据块有可能是损坏的，损坏可能是由 DataNode 的存储设备错误、网络错误或软件 Bug 造成的。HDFS 客户端软件实现了对 HDFS 文件内容的校验和（Checksum）检查。当客户端创建一个新的 HDFS 文件时，会计算这个文件每个数据块的校验和，并将校验和作为一个单独的隐藏文件保存在同一个 HDFS 命名空间下。当客户端获取文件内容后，它会检验从 DataNode 那里获取的数据跟相应的校验和文件中的校验和是否匹配，如果不匹配，那么客户端可以选择从其他 DataNode 那里获取该数据块的副本。

19．元数据磁盘错误

FsImage 和 EditLog 是 HDFS 的核心数据结构。如果这些文件损坏了，那么整个 HDFS 实例都将失效。因此，NameNode 可以配置成支持维护多个 FsImage 和 EditLog 的副本。任何对 FsImage 或 EditLog 的修改都将同步到它们的副本上。这种多副本的同步操作可能会降低 NameNode 每秒处理的命名空间事务数量。然而，这个代价是可以接受的，因为即使 HDFS 的应用是数据密集的，它们也非元数据密集的。当 NameNode 重启的时候，它会选取最近的、完整的 FsImage 和 EditLog 来使用。

NameNode 是 HDFS 集群中的单点故障所在。如果 NameNode 所在的机器出现故障，则是需要手工干预的。目前，自动重启或在另一台机器上实现 NameNode 故障转移的功能还没有实现。

20．快照

快照支持某一特定时刻的数据的复制备份。利用快照，可以让 HDFS 在数据损坏时恢复到过去一个已知正确的时间点。HDFS 目前还不支持快照功能，但计划在将来的版本中提供支持。

子任务 3　深挖 HDFS 的核心机制

1．数据组织

HDFS 设计的数据管理机制有以下原则。

1）数据块

HDFS 被设计成支持大文件，适用 HDFS 的是那些需要处理大规模数据集的应用。这些应用都只写入数据一次，但是读取一次或多次，并且读取速度应能满足流式读取的需要。HDFS 支持文件的“一次写入，多次读取”语义。一个典型的数据块大小是 64MB。因而，HDFS 中的文件总是按照 64MB 被切分成不同的数据块，每个数据块尽可能地存储于不同的 DataNode 中。

2）Staging（分段传输数据）

客户端创建文件的请求其实并没有立即发送给 NameNode。事实上，在刚开始阶段，客户端会先将文件数据缓存到本地的一个临时文件中。应用程序的写操作被透明地重定向到这个临时文件中。当这个临时文件累积的数据量超过一个数据块的大小时，客户端才会联系 NameNode。NameNode 将文件名插入文件系统的层次结构中，并且给它分配一个数据块，然后向客户端返回 DataNode 的标识符和目标数据块。接着，客户端将这块数据从本地临时文件上传到指定的 DataNode 上。当文件关闭时，在临时文件中剩余的没有上传的数据也会传输到指定的 DataNode 上。此时客户端告诉 NameNode 文件已经关闭，NameNode 才将文件创建操作提交到日志里进行存储。如果 NameNode 在文件关闭前宕机了，那么该文件将会丢失。

3）流水线复制

当客户端向 HDFS 文件中写入数据的时候，一开始是写到本地临时文件中的。假设该文件的副本系数为 3，当本地临时文件累积的数据量达到一个数据块的大小时，客户端会从 NameNode 那里获取一个 DataNode 列表用于存放副本。然后客户端开始向第一个 DataNode 传输数据，第一个 DataNode 一小部分一小部分（4 KB）地接收数据，将每一部分写入本地仓库中，同时传输该部分到列表中的第二个 DataNode。第二个 DataNode 同样一小部分一小部分地接收数据，将每一部分写入本地仓库中，同时传输该部分到列表中的第三个 DataNode。最后，第三个 DataNode 接收数据并将其存储在本地。因此，DataNode 能流水线式地从前一个节点接收数据，同时转发给下一个节点，数据以流水线的方式从前一个 DataNode 复制到下一个 DataNode。

4）可访问性

HDFS 给应用提供了多种访问方式。用户可以通过 Java API 接口访问，也可以通过 C 语言的封装 API 访问，还可以通过浏览器的方式访问。通过 WebDAV 协议访问的方式正在开发中。

5）DFSShell

HDFS 以文件和目录的形式组织用户数据。它提供了一个命令行的接口（DFSShell），让用户与 HDFS 中的数据进行交互。命令的语法和用户熟悉的其他 Shell（如 Bash、csh）工具类似。DFSShell 可以用在那些通过脚本语言和文件系统进行交互的应用程序上。

6）DFSAdmin

DFSAdmin 命令用来管理 HDFS 集群。这些命令只有 HDFS 的管理员才能使用。

2．HDFS 的命名节点（NameNode）和数据节点（DataNode）

命名节点的宕机将会导致 HDFS 文件系统中的所有数据变得不可用。而如果命名节点上的命名空间镜像文件或编辑日志文件损坏，那么整个 HDFS 甚至将无从重建，所有数据都会丢失。因此，出于数据可用性、可靠性等目的，必须提供额外的机制以确保此类故障不会发生。Hadoop 为此提供了两种解决方案。

一种解决方案是将命名节点上的持久元数据信息实时存储多个副本到不同的存储设备中。Hadoop 的命名节点可以通过属性配置使用多个不同的命名空间存储设备，而命名节点对多个设备的写入操作是同步的。当命名节点发生故障时，可在一台新的物理主机上加载一份可用的命名空间镜像副本和编辑日志副本完成命名空间的重建。然而，根据编辑日志的大小及集群规模，这个重建过程可能需要很长时间。

另一种解决方案是提供第二命名节点。第二命名节点并不真正扮演命名节点的角色，它的主要任务是周期性地将编辑日志合并至命名空间镜像文件中，以免编辑日志变得过大。它运行在一台独立的物理主机上，并且需要跟命名节点同样大的内存资源来完成文件合并。另外，它还保存一份命名空间镜像的副本。然而，根据其工作机制可知，第二命名节点要滞后于主节点，因此，当命名节点出现故障时，部分数据的丢失仍然不可避免。

尽管上述两种解决方案可以最大限度地避免数据丢失，但其并不具有高可用的特性，命名节点依然是一个单点故障，因为在其宕机后，所有的数据将不能被访问，进而所有依赖此 HDFS

运行的 MapReduce 作业也将中止。就算备份了命名空间镜像和编辑日志，在一台新的主机上重建命名节点并接收来自各数据节点的块状态报告也需要很长时间。在有些应用环境中，这可能是无法接受的。为此，在 Hadoop 0.23 中引入了命名节点的高可用机制——设置两个命名节点工作于“主备”模型，当主节点出现故障时，其上的所有服务将立即转移至备用节点。

在大规模的 HDFS 集群中，为了避免命名节点成为系统瓶颈，在 Hadoop 0.23 中引入了 HDFS 联邦（HDFS Federation）机制。在 HDFS 联邦中，每个命名节点管理一个由命名空间元数据和包含了所有块相关信息的块池组成的命名空间卷（Namespace Volume），各命名节点上的命名空间卷是互相隔离的，因此，一个命名节点的损坏并不影响其他命名节点继续提供服务。

3．HDFS 的常用命令

列出 HDFS 文件系统根目录下的目录和文件。

```
hadoop fs -ls /
```

列出 HDFS 文件系统中所有的目录和文件。

```
hadoop fs -ls -R /
```

列出 HDFS 文件系统 input 目录下的目录和文件。

```
hadoop fs -ls /input
```

将本地文件 localfile 复制到 Hadoop 文件系统 input 目录下的 file1 文件中。

```
hdfs dfs -put localfile /input/file1
```

将本地文件 localfile1、localfile2 复制到 Hadoop 文件系统的 input 目录下。

```
hdfs dfs -put localfile1 localfile2 /input
```

将 HDFS 文件系统 input 目录下的 file 文件复制到本地 localfile 文件中。

```
hdfs dfs -get /input/file localfile
```

在 HDFS 文件系统的根目录下创建 input 文件夹。该方式只能一级一级地创建目录，且父目录必须存在。

```
hadoop fs -mkdir /input
```

递归创建目录。如果父目录不存在，就创建该父目录。

```
hadoop fs -mkdir -p /dir1/dir2
```

删除文件或目录。

```
hdfs dfs -rm /input/file1
hdfs dfs -rm -R /input
hdfs dfs -rm -r /input
```

重命名文件，file1、file2 都存在。

```
hdfs dfs -cp /input/file1 /input/file2
```

在不同目录下复制文件。

```
hdfs dfs -cp /input/file1 /another/file2
```

复制多个文件到 another 目录下。

```
hdfs dfs -cp /input/file1 /input/file2 /another
```

在不同目录下移动文件。

```
hdfs dfs -mv /input/file1 /another/file2
```

移动多个文件到 another 目录下。

```
hdfs dfs -mv /input/file1 /input/file2 /another
```

打印/input/file1 文件的内容。

```
hdfs dfs -cat /input/file1
```

查看 HDFS 文件系统的基本信息，如存储空间使用情况、DataNode 信息等。

```
hdfs dfsadmin -report
```

任务 3　构建 MapReduce 编程模型

子任务 1　解构 MapReduce 编程模型

MapReduce 编程模型及其运行过程如图 2-6 所示。

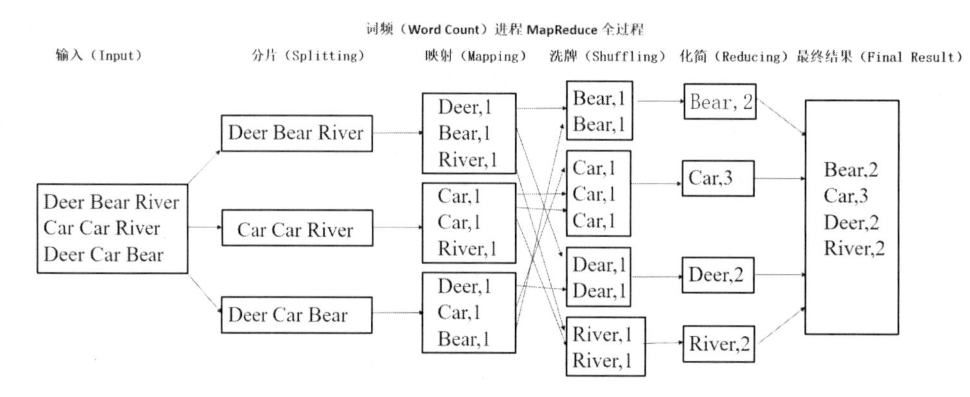

图 2-6　MapReduce 编程模型及其运行过程

MapReduce 应用广泛的原因之一就是其易用性，它提供了一个因高度抽象化而变得非常简单的编程模型，它是在总结大量应用的共同特点的基础上抽象出来的分布式计算框架，在其编程模型中，任务可以被分解成相互独立的子问题。MapReduce 编程模型给出了分布式编程方法的 5 个步骤。

（1）迭代，遍历输入数据，将其解析成 key/value 对。

（2）将输入的 key/value 对映射（Map）成另外一些 key/value 对。

（3）根据 key 对中间结果进行分组（Grouping）。

（4）以组为单位对数据进行归约。

（5）迭代，将最终产生的 key/value 对保存到输出文件中。

下面描述一下 MapReduce 编程模型中主要的工作机制。

1. InputFormat

（1）InputFormat 主要用于描述输入数据的格式，它提供了两个功能：①数据切分，即按照某种方式将输入数据切分成若干个 split（拆分元素），以便确定 Map 任务的个数及对应的 split；②为 Mapper 提供输入数据，即给定某个 split，能将其解析成一个个 key/value 对。

（2）InputFormat 中的 getSplits()方法主要完成数据切分的功能，它会尝试将输入数据切分成 numSplits 个进行存储。在 InputSplit 中只记录了分片的元数据信息，如起始位置、长度及所在的节点列表。

（3）在 InputSplit 切分方案确定之后，需要确定每个 InputSplit 的元数据信息。元数据信息通常由 4 部分组成，即<file,start,length,host>，分别表示 InputSplit 所在的文件、起始位置、长度及所在的 host 节点列表，其中 host 节点列表是最难确定的。

（4）host 列表选择策略直接影响到运行过程中的任务本地性。Hadoop 中的 HDFS 文件是以 Block（块）为单位进行存储的，一个大文件对应的 Block 可能会遍布整个集群，InputSplit 的切分算法可能会导致一个 InputSplit 对应的多个 Block 位于不同的节点上。

（5）Hadoop 将数据本地性分成 3 个等级：Node Locality（节点本地化）、Rack Locality（机架本地化）和 Data Center Locality（数据中心本地化）。在进行任务调度时，会依次考虑 3 个节点的本地化，优先让空闲资源处理本节点的数据，其次处理同一个机架上的数据，最后处理其他机架上的数据。

（6）虽然 InputSplit 对应的 Block 可能位于多个节点上，但考虑到任务调度的效率，通常不会将所有节点加到 InputSplit 的 host 列表中，而选择数据总量最大的前几个节点，作为任务调度时判断任务是否具有本地性的主要依据。对于 FileInputFormat，设计了一个简单、有效的启发式算法：按照 rack（机架）包含的数据量对 rack 进行排序，在 rack 内部按照每个节点包含的数据量对节点进行排序，取前 *N* 个节点的 host 作为 InputSplit 的 host 列表（*N* 为 Block 的副本系数，默认为 3）。

（7）当 InputSplit 的尺寸大于 Block 的尺寸时，Map 任务不能实现完全的数据本地性，总有一部分数据需要从远程节点中获取。因此，当基于 FileInputFormat 实现 InputFormat 时，为了提高 Map 任务的数据本地性，应该尽量使得 InputSplit 的尺寸与 Block 的尺寸相同（虽然在理论上这么说，但是这会产生过多的 Map 任务，使得任务初始时占用的资源很大）。

2．OutputFormat

（1）OutputFormat 主要用于描述输出数据的格式，能够将用户提供的 key/value 对写入特定格式的文件中。在 OutputFormat 中有一个重要的方法 getRecordWriter()，其返回的 RecordWriter 接收一个 key/value 对，并将其写入文件中。

（2）Hadoop 中所有基于文件的 OutputFormat 都是从 FileOutputFormat 中派生的，事实上这也是最常用的 OutputFormat。总结发现，FileOutputFormat 实现的主要功能有两个：①为防止用户配置的输出目录数据被意外覆盖，实现 checkOutputSpecs 接口，当输出目录存在时抛出异常；②处理副作用文件（Side-Effect File）。Hadoop 可能会在一个作业执行过程中加入一些推测式任务，因此，Hadoop 中 Reduce 端执行的任务并不会真正写入输出目录中，而会为每个任务的数据建立一个副作用文件，将产生的数据临时写入该文件中，待任务完成后，再移动到最终的输出目录。

（3）在默认情况下，当任务成功完成后，会在最终的输出目录下生成空文件_SUCCESS。该文件主要为高层应用提供作业运行完成的标识（比如，oozie 工作流就可以根据这个文件判断任务是否成功执行）。

3．Mapper 和 Reducer

（1）Mapper 过程主要包括初始化、Map 操作和清理 3 部分。Reducer 过程与 Mapper 过程基本类似。①初始化，Mapper 中的 configure()方法允许通过 JobConf 参数对 Mapper 进行初始化；②Map 操作，通过前面介绍的 InputFormat 中的 InputSplit 获取一个 key/value 对，交给实际的 map 函数进行处理；③清理，通过继承 Closable 接口，获得 close()方法，实现对 Mapper 的清理。

（2）对于一个 MapReduce 应用，不一定非要存在 Mapper。MapReduce 框架提供了比 Mapper 更加通用的接口 org.apache.hadoop.mapred.MapRunnable，可以通过该接口直接定制自己的 key/value 处理逻辑（相对于 MapReduce 中固定的 Map 阶段，可以跳过 Map 阶段。比如，在 Hadoop Pipes 中将数据发送给其他进程处理）。

（3）MapRunner 是接口 org.apache.hadoop.mapred.MapRunnable 的固定实现，可以直接调用用户作业中设置的 Mapper Class。此外，Hadoop 中还提供了一个多线程的 MapRunnable 实现，通常用于非 CPU 类型的作业，以提高吞吐率。

4．Partitioner

Partitioner 的作用是对 Mapper 产生的中间结果进行分片，将同一分组的数据交给一个 Reducer 来处理，直接影响着 Reducer 阶段的负载均衡。其中最重要的方法就是 getPartition()，它接收 3 个参数：key、value，以及 Reducer 的个数 numPartions。

子任务 2　揭秘 YARN 与 MapReduce

1．MapReduce 是什么

（1）MapReduce 是一个分布式运算程序的编程框架，是用户开发“基于 Hadoop 的数据分析应用”的核心框架。

（2）MapReduce 的核心功能是将用户编写的业务逻辑代码和自带的默认组件整合成一个完整的分布式运算程序，并发运行在一个 Hadoop 集群上。

2．MapReduce 的作用

因为硬件资源的限制，单机无法胜任海量数据的存储和计算。而一旦将单机版程序扩展到集群来分布式运行，将极大增加程序的复杂性和开发难度。在引入 MapReduce 框架后，开发人员可以将绝大多数精力集中在业务逻辑的开发上，而将分布式计算中的复杂性交由 MapReduce 框架来处理。

3．MapReduce 的 Shuffle 机制

如何将Map阶段处理的数据传递给Reduce阶段是MapReduce框架中最关键的一个流程，这个流程叫作 Shuffle。从整体来看，Shuffle 分为 3 个操作：分区（Partition）、根据 key 进行排序（Sort）、进行局部 value 的合并（Combiner）。

4．MapReduce 中的 Combiner

（1）Combiner 是 MapReduce 程序中除 Mapper 和 Reducer 之外的一类组件。

（2）Combiner 组件的父类就是 Reducer。

（3）Combiner 和 Reducer 的区别在于运行的位置：Combiner 在每个 Map 任务所在的节点上运行；而 Reducer 接收全局所有 Mapper 的输出结果。

（4）Combiner 的意义就是对每个 Map 任务的输出进行局部汇总，以减少网络传输量。

（5）Combiner 能够应用的前提是不能影响最终的业务逻辑，而且 Combiner 的输出 key/value 对的类型应该跟 Reducer 的输入 key/value 对的类型相对应。

5．集群运行模式

（1）将 MapReduce 程序提交给 YARN 集群 ResourceManager，分发到很多节点上并发执行。

（2）处理的数据和输出结果应该位于 HDFS 文件系统中。

（3）提交集群的实现步骤如下：

① 将程序打成 JAR 包，然后在集群的任意一个节点上用 Hadoop 命令“$ hadoop jar wordcount.jar cn.itcast.bigdata.MapReducesimple.WordCountDriver inputpath outputpath”启动。

② 直接在 Linux 系统的 Eclipse 中运行 main()方法。

③ 如果要在 Windows 系统的 Eclipse 中提交 Job 对象给集群，则要修改 YARNRunner 类。

6．编程规范

（1）用户编写的程序分成 3 部分：Mapper、Reducer 和 Driver（提交运行 MapReduce 程序的客户端）。

（2）Mapper 的输入数据采用 key/value 对的形式（key/value 的类型可自定义）。

（3）Mapper 的输出数据采用 key/value 对的形式（key/value 的类型可自定义）。

（4）Mapper 中的业务逻辑写在 map()方法中。

（5）map()方法（MapTask 进程）对每个<K,V>（K：键；V：值）调用一次。

（6）Reducer 的输入数据类型对应 Mapper 的输出数据类型。

（7）Reducer 的业务逻辑写在 reduce()方法中。

（8）ReduceTask 进程对每组相同 key 的<K,V>组调用一次 reduce()方法。

（9）用户自定义的 Mapper 和 Reducer 都要继承各自的父类。

（10）整个程序需要一个 Driver 来进行提交，提交的是一个描述了各种必要信息的 Job 对象。

7．YARN

YARN 负责为运算程序提供服务器运算资源，相当于一个分布式的操作系统平台，而 MapReduce 等运算程序则相当于运行于操作系统之上的应用程序。

（1）YARN 并不清楚用户提交的程序的运行机制。

（2）YARN 只提供运算资源的调度（用户程序向 YARN 申请资源，YARN 负责分配资源）。

（3）YARN 中的主管角色叫 ResourceManager。

（4）YARN 中具体提供运算资源的角色叫 NodeManager。

（5）YARN 其实与运行的用户程序完全解耦，这意味着在 YARN 上可以运行各种类型的运算程序，如 MapReduce、Storm、Spark 等。

（6）Spark、Storm 等运算程序都可以整合在 YARN 上运行，只要它们各自的框架中有符合 YARN 规范的资源请求机制即可。

（7）YARN 是一个通用的资源调度平台，企业中以前存在的各种运算集群都可以整合在一个物理集群上，以提高资源利用率，方便数据共享。

任务 4　漫游 Hadoop 系统及其生态圈

Hadoop 核心组件架构图如图 2-7 所示。

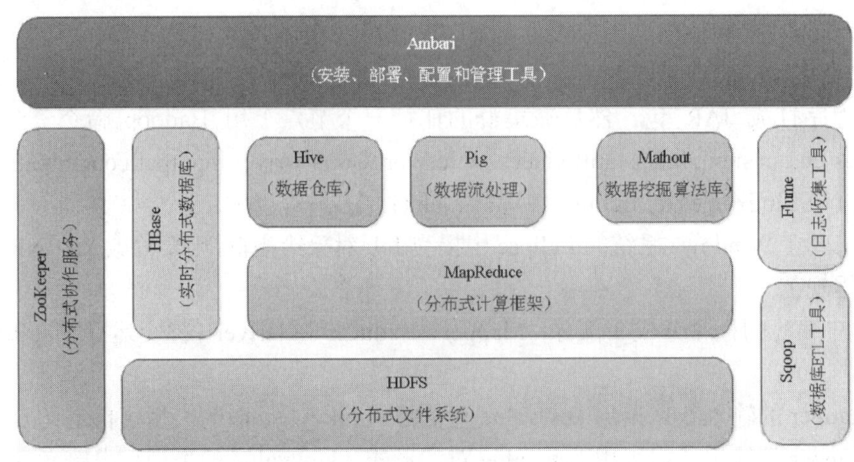

图 2-7　Haoop 核心组件架构图

下面分别进行介绍。

1．HDFS

1）定义

整个 Hadoop 的体系结构主要通过 HDFS（分布式文件系统）来实现对分布式存储的底层支持，并通过 MapReduce（分布式计算框架）来实现对分布式并行任务处理的程序支持。

HDFS 是 Hadoop 体系中数据存储管理的基础。它是一个高度容错的系统，能检测和应对硬件故障，用于在低成本的通用硬件上运行。HDFS 简化了文件的一致性模型，通过流式数据访问，提供高吞吐量应用程序数据访问功能，适合带有大型数据集的应用程序。

2）组成

HDFS 采用主从（Master/Slave）结构模型，一个 HDFS 集群是由一个 NameNode 和若干个 DataNode 组成的。NameNode 作为主服务器，负责管理文件系统命名空间和客户端对文件的访问操作。DataNode 负责管理存储的数据。HDFS 支持文件形式的数据。

从内部来看，文件被分成若干个数据块，这若干个数据块存放在一组 DataNode 上。NameNode 负责执行文件系统命名空间的操作，如打开、关闭、重命名文件或目录等，也负责确定数据块到具体 DataNode 的映射。DataNode 负责处理文件系统客户端的文件读/写，并在 NameNode 的统一调度下执行数据块的创建、删除和复制工作。NameNode 是所有 HDFS 元数据的管理者，用户数据永远不会经过 NameNode。

2．MapReduce

Hadoop MapReduce 是 Google MapReduce 的克隆版。MapReduce 是一种计算模型，用于进行大数据量的计算。其中，Map 对数据集上的独立元素执行指定的操作，生成键-值对形式的中间结果；Reduce 则对中间结果中相同“键”的所有“值”进行规约，以得到最终结果。MapReduce 这样的功能划分非常适合在由大量计算机组成的分布式并行环境里进行数据处理。

3．Hive

Hive 是基于 Hadoop 的一个数据仓库工具，可以将结构化的数据文件映射为一张数据库表，并提供完整的 SQL 查询功能，可以将 SQL 语句转换为 MapReduce 任务来运行。

Hive 是建立在 Hadoop 上的数据仓库基础构架。它提供了一系列的工具，可以用来进行数据抽取、转换、加载（Extract-Transform-Load，ETL），这是一种可以存储、查询和分析存储在 Hadoop 中的大规模数据的机制。

Hive 定义了简单的类 SQL 查询语言，称为 HQL，它允许熟悉 SQL 的用户查询数据。同时，这种语言也允许熟悉 MapReduce 开发的开发者自定义的 Mapper 和 Reducer 处理内建的 Mapper 和 Reducer 无法完成的复杂的分析工作。

Hive 构架图如图 2-8 所示。

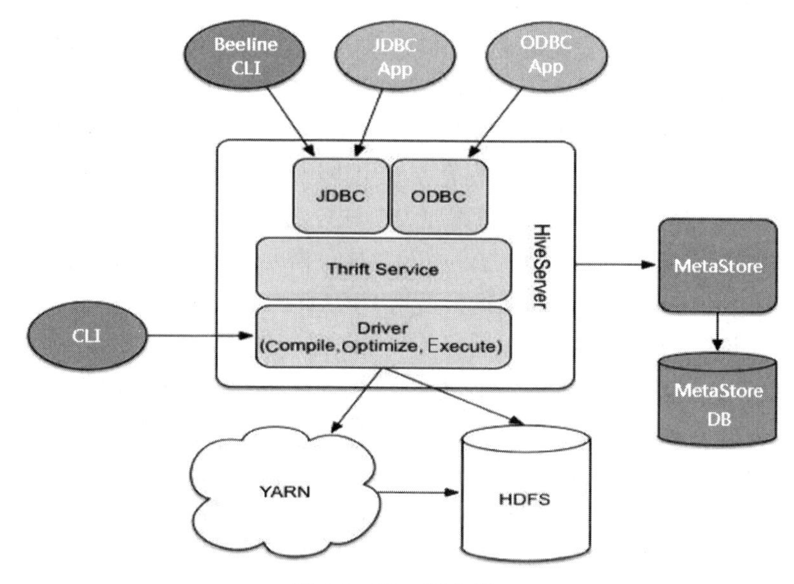

图 2-8　Hive 架构图

Hive 架构包括 CLI（Command Line Interface）、JDBC/ODBC、Thrift Service、Web GUI、MetaStore、Driver（Compile、Optimize 和 Execute）等组件。这些组件可以分为两大类：客户端组件和服务器端组件。

1）客户端组件与服务器端组件

客户端组件如下。

- CLI：Command Line Interface，命令行接口。
- Thrift 客户端：虽然在图 2-8 中没有写上 Thrift 客户端，但是 Hive 架构的许多客户端接口是建立在 Thrift 客户端之上的，包括 JDBC 和 ODBC 接口。
- Web GUI：Hive 客户端允许通过网页的方式访问 Hive 所提供的服务。这个接口对应 Hive 的 HWI（Hive Web Interface）组件，在使用前要启动 HWI 服务。

服务器端组件如下。

- Driver：该组件包括 Compile、Optimize 和 Execute，它的作用是将 HiveQL（类 SQL）语句进行解析、编译优化，生成执行计划，然后调用底层的 MapReduce 计算框架。
- MetaStore：元数据服务组件，负责存储 Hive 的元数据。Hive 的元数据存储在关系型数据库里。Hive 支持的关系型数据库有 Derby 和 MySQL。元数据对于 Hive 十分重要，因此，Hive 支持把 MetaStore 服务独立出来，安装到远程的服务器集群里，从而解耦 Hive 服务和 MetaStore 服务，保证 Hive 运行的健壮性。
- Thrift Service：Thrift 是 Facebook 开发的一个软件框架，用来进行可扩展且跨语言的服务的开发。Hive 集成了 Thrift Service，能让不同的编程语言调用 Hive 的接口。

2）Hive 与传统数据库的异同

（1）查询语言。由于 SQL 被广泛地应用在数据仓库中，因此专门针对 Hive 的特性设计了类 SQL 的查询语言 HQL。熟悉 SQL 开发的开发者可以很方便地使用 Hive 进行应用开发。

（2）数据存储位置。由于 Hive 是建立在 Hadoop 之上的，所以 Hive 的数据都是存储在 HDFS 中的。而传统数据库可以将数据保存在块设备或本地文件系统中。

（3）数据格式。在 Hive 中没有定义专门的数据格式，数据格式可以由用户指定。用户定义数据格式需要指定 3 个属性：列分隔符（通常为空格、"\t"、"\x001"）、行分隔符（"\n"），以及读取文件数据的方法（在 Hive 中默认有 3 种文件格式，分别是 TextFile、SequenceFile 及 RCFile）。

（4）数据更新。由于 Hive 是针对数据仓库应用设计的，而数据仓库的内容是读多写少的，因此，在 Hive 中不支持对数据的改写和添加（从 Hive 2.x 版本开始部分支持），所有的数据都是在加载的时候就确定的。而传统数据库中的数据是需要经常进行修改的，因此，可以使用 INSERT INTO … VALUES 命令添加数据，使用 UPDATE … SET 命令修改数据。

（5）索引。Hive 在加载数据的过程中不会对数据进行任何处理，甚至不会对数据进行扫描，因此也没有对数据中的某些 key 建立索引。Hive 在访问数据中满足条件的特定值时，需要暴力扫描整个数据，因此访问延迟较高。由于 MapReduce 的引入，Hive 可以并行访问数据，因此，即使没有索引，对于大数据量的访问，Hive 仍然可以体现出优势。而在传统数据库中，通常会针对一列或几列建立索引，因此，对于少量满足特定条件的数据的访问，传统数据库可以实现很高的效率、较低的延迟。由于数据的访问延迟较高，因而决定了 Hive 不适合进行在线数据查询。

（6）执行。Hive 中大多数查询的执行是通过 Hadoop 提供的 MapReduce 来实现的（类似 select * from tbl 的查询不需要 MapReduce）。而传统数据库通常有自己的执行引擎。

（7）执行延迟。Hive 在查询数据的时候，由于没有索引，需要扫描整张表，因此延迟较高。另一个导致 Hive 执行延迟高的因素是 MapReduce 框架。由于 MapReduce 本身具有较高的延迟，因此，在利用 MapReduce 执行 Hive 查询时，也会有较高的延迟。相对地，传统数据库的执行延迟较低。当然，这个低是有条件的，即数据规模较小，当数据规模大到超过传统数据库的处理能力的时候，Hive 的并行计算显然能体现出优势。

（8）可扩展性。由于 Hive 是建立在 Hadoop 之上的，因此，Hive 的可扩展性和 Hadoop 的可扩展性是一致的。

（9）数据规模。由于 Hive 建立在集群上，并且可以利用 MapReduce 进行并行计算，因此可以支持很大规模的数据。对应地，传统数据库可以支持的数据规模较小。

4．HBase

HBase 的全称是 Hadoop Database，是一个高可靠性、高性能、面向列、可伸缩的分布式存储系统。利用 HBase 技术可以在廉价的 PC Server 上搭建大规模结构化存储集群。

HBase 是 Google BigTable 的开源实现。类似 Google BigTable 利用 GFS 作为其文件存储系统，HBase 利用 Hadoop HDFS 作为其文件存储系统。

Google 运行 MapReduce 来处理 BigTable 中的海量数据，HBase 同样利用 Hadoop MapReduce 来处理海量数据。

Google BigTable 利用 Chubby 作为协同服务，而 HBase 利用 ZooKeeper 作为协同服务。

HBase 架构图如图 2-9 所示。

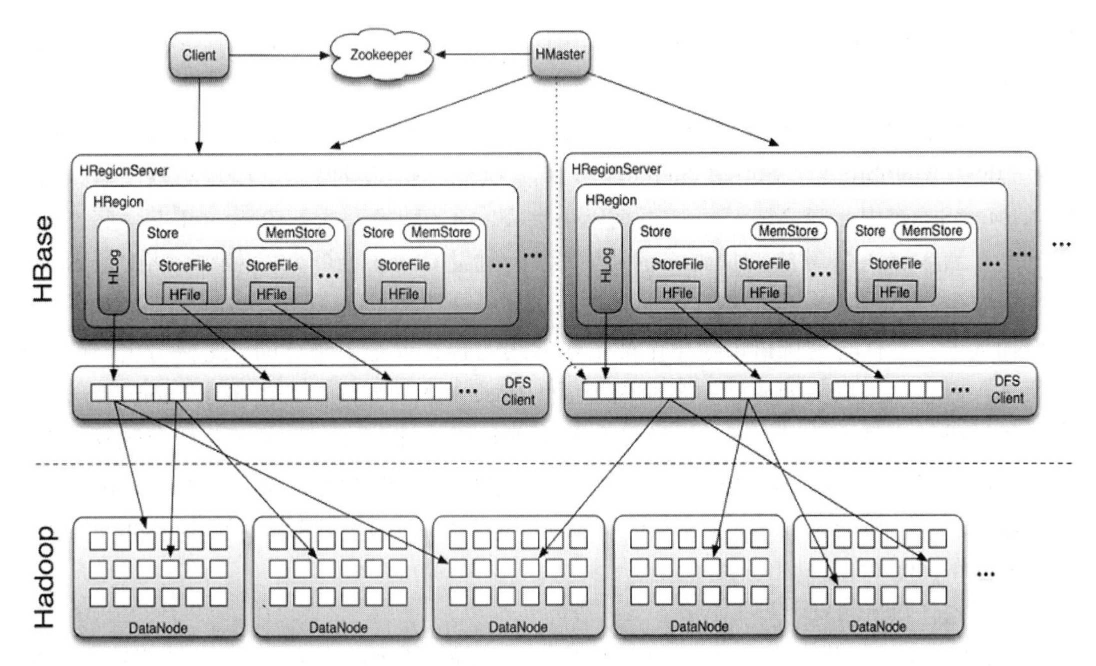

图 2-9　HBase 架构图

从图 2-9 中可以看出，HBase 主要由 Client、ZooKeeper、HMaster 和 HRegionServer 组成，由 HStore 作为存储系统。

1）Client

HBase Client 使用 HBase 的 RPC（Remote Procedure Call，远程过程调用）机制与 HMaster 和 HRegionServer 进行通信。对于管理类操作，Client 与 HMaster 进行 RPC；对于数据读/写类操作，Client 与 HRegionServer 进行 RPC。

2）ZooKeeper

在 ZooKeeper Quorum 中除存储了-ROOT-表的地址和 HMaster 的地址外，HRegionServer 也会把自己以 Ephemeral 方式注册到 ZooKeeper 中，使得 HMaster 可以随时感知到各个 HRegionServer 的健康状态。

3）HMaster

HMaster 没有单点故障问题，在 HBase 中可以启动多个 HMaster，通过 ZooKeeper 的 Master Election 机制保证总有一个 HMaster 在运行。HMaster 在功能上主要负责 Table（表）和 Region（区域）的管理工作。

（1）管理用户对 Table 的增、删、改、查操作。

（2）管理 HRegionServer 的负载均衡，调整 Region 的分布。

（3）在对数据执行 Region Split（区域分片）操作后，负责新 Region 的分配。

（4）在 HRegionServer 停机后，负责失效 HRegionServer 上的 Regions 迁移。

4）HRegionServer

HRegionServer 主要负责响应用户的 I/O 请求，向 HDFS 文件系统中读/写数据，是 HBase 中最核心的模块。

在 HRegionServer 内部管理了一系列 HRegion 对象，每个 HRegion 对应了 Table 中的一个 Region。HRegion 由多个 HStore 组成，每个 HStore 对应了 Table 中的一个 Column Family 的存

储。每个 Column Family 其实就是一个集中的存储单元，因此，最好将具备共同 I/O 特性的 Column 放在一个 Column Family 中，这样最高效。

HStore 存储是 HBase 存储的核心，它由两部分组成：一部分是 MemStore；另一部分是 StoreFiles。MemStore 是 Sorted Memory Buffer（分类内存缓冲区），用户写入的数据首先会放入 MemStore 中，当 MemStore 写满以后会 Flush（转换）成一个 StoreFile（底层实现是 HFile）。当 StoreFile 数量增长到一定阈值后，会触发 Compact（合并）操作，将多个 StoreFile 合并成一个 StoreFile，在合并过程中会进行版本合并和数据删除。可以看出，HBase 其实只能增加数据，所有的更新和删除操作都是在后续的合并过程中进行的，这使得用户的写操作只要进入内存就可以立即返回，从而保证了 HBase I/O 的高性能。当多个 StoreFile 合并后，会逐步形成越来越大的 StoreFile。当单个 StoreFile 的大小超过一定阈值后，会触发 Split（分片）操作，同时把当前 Region 切分成两个子 Region，父 Region 会下线，新切分出来的两个子 Region 会被 HMaster 分配到相应的 HRegionServer 上，使得原先一个 Region 的压力得以分流到两个 Region 上。

5. Pig（数据流处理）

Pig 定义了一种数据流语言——Pig Latin，它是 MapReduce 编程的复杂性的抽象。Pig 平台包括运行环境和用于分析 Hadoop 数据集的脚本语言（Pig Latin）。其编译器将 Pig Latin 翻译成 MapReduce 程序在 Hadoop 上执行。Pig 通常用于离线分析。

6. Sqoop（数据库 ETL 工具）

Sqoop 是 SQL-to-Hadoop 的缩写，主要用于在传统数据库和 Hadoop 之间传输数据。数据的导入和导出在本质上是 MapReduce 程序，充分利用了 MapReduce 的并行化和容错性。Sqoop 利用数据库技术描述数据架构，用于在关系型数据库、数据仓库和 Hadoop 之间转移数据。

7. Flume（日志收集工具）

Flume 是 Cloudera 开源的日志收集系统，具有分布式、高可靠、高容错、易于定制和扩展的特点。它将数据从产生、传输、处理到最终写入目标路径的过程抽象为数据流。在具体的数据流中，数据源支持在 Flume 中定制数据发送方，从而支持收集各种不同协议数据。同时，Flume 数据流提供对日志数据进行简单处理的能力，如过滤、格式转换等。此外，Flume 还具有将日志写往各种数据目标（可定制）的能力。

总的来说，Flume 是一个可扩展、适合复杂环境的海量日志收集系统。当然，Flume 也可以用于收集其他类型的数据。

8. Mahout（数据挖掘算法库）

Mahout 的主要目标是创建一些可扩展的机器学习领域经典算法的实现，旨在帮助开发人员更加方便、快捷地创建智能应用程序。Mahout 现在已经包含了聚类、分类、推荐引擎（协同过滤）和频繁集挖掘等广泛应用的数据挖掘方法。除算法外，Mahout 还包含数据的输入/输出工具、与其他存储系统（如数据库、MongoDB、Cassandra）集成等数据挖掘支持架构。

在 Hadoop 生态圈中还有一些常用的组件，如 Oozie（工作流调度器）、Tez（DAG 计算模型）、Spark（内存 DAG 计算模型）、Giraph（图计算模型）、GraphX（图计算模型）、MLib（机器学习库）、Streaming（流计算模型）、Kafka（分布式消息队列）、Phoenix（HBase SQL 接口）、Ranger（安全管理工具）、Knox（Hadoop 安全网关）、Falcon（数据生命周期管理工具）、Ambari（安全部署配置管理工具）等。下面分别进行介绍。

1．Oozie（工作流调度器）

Oozie 是一个可扩展的工作体系，集成于 Hadoop 的堆栈，用于协调多个 MapReduce 作业的执行。它能够管理一个复杂的系统，基于外部事件来执行，外部事件包括数据的定时和数据的出现。Oozie 工作流是放置在控制依赖 DAG（Direct Acyclic Graph，有向无环图）中的一组动作（例如，Hadoop 的 MapReduce 作业、Pig 作业等），其中指定了动作执行的顺序。Oozie 使用 HPDL（一种 XML 流程定义语言）来描述有向无环图。

2．Tez（DAG 计算模型）

Tez 是 Apache 最新开源的支持 DAG 作业的计算框架，它直接源于 MapReduce 框架，核心思想是将 Map 和 Reduce 两个操作进一步拆分，即 Map 被拆分成 Input、Processor、Sort、Merge 和 Output，Reduce 被拆分成 Input、Shuffle、Sort、Merge、Processor 和 Output 等。这些分解后的元操作可以灵活组合，产生新的操作。这些操作经过一些控制程序组装后，可以形成一个大的 DAG 作业。目前 Hive 支持 MapReduce、Tez 计算模型。Tez 能完善二进制 MapReduce 程序，提升运算性能。

3．Spark（内存 DAG 计算模型）

Spark 是 Apache 的一个项目，被标榜为“快如闪电的集群计算”。它拥有一个繁荣的开源社区，并且是目前最活跃的 Apache 项目之一。最早 Spark 是加利福尼亚大学伯克利分校的 AMP 实验室所开源的类 Hadoop MapReduce 的通用并行计算框架。Spark 提供了一个更快、更通用的数据处理平台。和 Hadoop 相比，Spark 可以让应用程序在内存中运行时速度提升 100 倍，或者在磁盘上运行时速度提升 10 倍。

4．Giraph（图计算模型）

Apache Giraph 是一个可伸缩的分布式迭代图处理系统，基于 Hadoop 平台，灵感来自 BSP（Bulk Synchronous Parallel）和 Google 的 Pregel。

5．GraphX（图计算模型）

Spark GraphX 最初是加利福尼亚大学伯克利分校的 AMP 实验室的一个分布式图计算框架项目，目前整合在 Spark 运行框架中，为其提供 BSP 大规模并行图计算能力。

6．MLlib（机器学习库）

Spark MLlib 是一个机器学习库，它提供了各种各样的算法，这些算法用来在集群上针对分类、回归、聚类、协同过滤等。

7．Streaming（流计算模型）

Spark Streaming 支持对流数据的实时处理，以微批的方式对实时数据进行计算。

8．Kafka（分布式消息队列）

Kafka 是 LinkedIn 于 2010 年 12 月开源的消息系统，它主要用于处理活跃的流式数据。活跃的流式数据在 Web 网站应用中非常常见，这些数据包括网站的 PV（Page View，页面浏览量或点击量）、用户访问了什么内容、搜索了什么内容等。这些数据通常以日志的形式记录下来，然后每隔一段时间进行一次统计处理。

9．Phoenix（HBase SQL 接口）

Apache Phoenix 是 HBase 的 SQL 驱动，Phoenix 使得 HBase 支持通过 JDBC 的方式进行访问，并将 SQL 查询转换成 HBase 的扫描和相应的动作。

10．Ranger（安全管理工具）

Apache Ranger 是一个 Hadoop 集群权限框架，提供操作、监控、管理复杂数据的权限。它提供一个集中的管理机制，管理基于 YARN 的 Hadoop 生态圈的所有数据权限。

11．Knox（Hadoop 安全网关）

Apache Knox 是一个访问 Hadoop 集群的 REST API 网关，它为所有的 REST 访问提供了一个简单的访问接口点，能完成 3A（Authentication、Authorization、Auditing）认证和 SSO（Single Sign On，单点登录）等。

12．Falcon（数据生命周期管理工具）

Apache Falcon 是一个面向 Hadoop 的、新的数据处理和管理平台，设计用于数据移动、数据管道协调、生命周期管理和数据发现。它使终端用户可以快速地将他们的数据及其相关的处理和管理任务“上载（Onboard）”到 Hadoop 集群中。

13．Ambari（安装部署配置管理工具）

Apache Ambari 的作用就是创建、管理、监视 Hadoop 集群，是为了让 Hadoop 及相关的大数据软件更容易使用的一个 Web 工具。

课后练习

一、选择题

1．Hadoop 的作者是（　　）。

A．Martin Fowler

B．Doug Cutting

C．Kent Beck

D．Grace Hopper

2．下面不属于 Hadoop 可以运行的模式的是（　　）。

A．单机（本地）模式

B．伪分布式模式

C．分布式模式

D．互联模式

3．HDFS 默认块的大小是（　　）。

A．32MB

B．64MB

C．128MB

D．256MB

4．关于 Secondary NameNode，以下说法正确的是（　　）。

A．它是 NameNode 的热备

B．它对内存没有要求

C．它的目的是帮助 NameNode 合并编辑日志，减少 NameNode 的启动时间

D．Secondary NameNode 应与 NameNode 部署到同一个节点上

5．下列关于 MapReduce 的说法，不正确的是（　　）。

A．MapReduce 是一种计算框架

B．MapReduce 程序只能用 Java 语言编写

C．MapReduce 来源于 Google 的学术论文

D．MapReduce 隐藏了并行计算的细节，方便使用

二、判断题

1．Hadoop 是用 Java 语言开发的，所以 MapReduce 程序只能用 Java 语言编写。（　　）

2. 在 MapReduce 计算过程中，相同的 key 默认会被发送到同一个 Reduce Task 进行处理。（　　）

3．HBase 对于空（NULL）的列，不需要占用存储空间。（　　）

4．Hadoop 支持数据的随机读/写。（　　）

5．NameNode 在启动时自动进入安全模式。在安全模式阶段，文件系统允许有修改。（　　）

第3章

部署 Hadoop 大数据平台

重点提示

学习本章内容，请您带着如下问题：

（1）如何搭建大数据平台 Hadoop?

（2）Hadoop 平台搭建完成后，Hadoop 的各个目录的作用是什么？

（3）如何基于 Hadoop 平台进行大数据的开发？

（4）更加深入理解前两章所讲解的 MapReduce 和 HDFS 存储的概念，以及 Hadoop 平台的实现方式。

任务 1　掌控 Hadoop 平台的部署模式

在开始部署 Hadoop 平台之前，首先需要了解 Hadoop 平台的部署有哪几种模式。Hadoop 平台的部署模式分为 3 种，分别是单节点模式、伪分布式集群模式和多节点集群模式。下面对这 3 种模式进行说明。

1．单节点模式

无须任何守护进程，所有的程序都运行在同一个 JVM（Java Virtual Machine，Java 虚拟机）上。在单节点模式下调试 MapReduce 程序非常高效、方便。所以，该模式主要在学习或开发阶段调试使用。

2．伪分布式集群模式

Hadoop 守护进程运行在本地机器上，模拟一个小规模的集群。换句话说，可以配置由一台机器组成的 Hadoop 集群。伪分布式是完全分布式的一个特例。

3．多节点集群模式

Hadoop 守护进程运行在一个集群上，是一个真正意义上的分布式大数据集群。

这 3 种模式的部署模式对比如表 3-1 所示。

表 3-1　Hadoop 平台的部署模式对比

特点＼模式	单节点模式	伪分布式集群模式	多节点集群模式
部署节点	单节点	单节点	多节点
进程	一个 Java 进程	每个守护进程运行在一个 Java 进程中	每个守护进程运行在一个 Java 进程中，并运行在不同的节点上
配置方式	默认配置	需要配置 HDFS、YARN 等配置文件	需要配置 HDFS、YARN 等配置文件

续表

特点＼模式	单节点模式	伪分布式集群模式	多节点集群模式
分布式	非分布式	伪分布式	完全分布式
作用	调试	调试	生产环境

在部署 Hadoop 平台的过程中，将执行如下操作：

（1）准备安装环境，包括虚拟机、CentOS 系统、JDK、Hadoop。

（2）安装 3 台虚拟机，用于模拟真实的物理集群。

（3）在每台虚拟机中安装 JDK。JDK 是 Hadoop 平台运行的基础环境。

（4）部署 Hadoop 平台，并对其 4 个重要文件进行配置，以实现集群化。

（5）启动并运行 Hadoop 集群。

在部署 Hadoop 平台的时候需要如图 3-1 所示的软件包，可以在资源库中进行下载，也可以到各个软件的官网上下载，其中 CentOS、Hadoop、JDK 的软件包都是免费的。

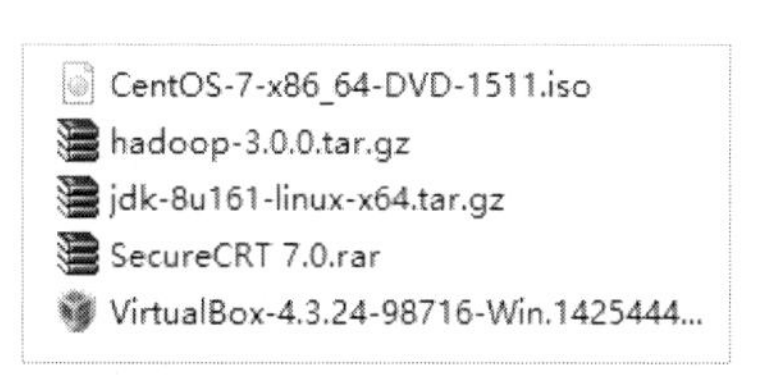

图 3-1　部署 Hadoop 平台所需的软件包

软件说明如下：

（1）CentOS-7-x86_64-DVD-1511.iso：CentOS 7 版本的 Linux 系统。我们所用到的大数据平台是基于 Linux 系统的。换言之，大数据平台运行在 Linux 系统上。

（2）hadoop-3.0.0.tar.gz：Hadoop 第 3 版的大数据平台包。

（3）jdk-8u161-linux-x64.tar.gz：JDK 1.8 的 Java 开发环境压缩包，因为我们的 Hadoop 需要 Java 运行环境的支持。

（4）SecureCRT 7.0.rar：一个可视化的 Linux 连接工具，方便操作 Linux 系统。

（5）VirtualBox-4.3.24-98716-Win.1425444：虚拟机。因为在做实验时没有太多真实的服务器，所以把大数据平台运行在虚拟机上，模拟真实的服务器，让 Linux 系统运行在虚拟机上。

由于存在实效性，这里使用的是在写作本书时比较新的软件包，读者可以根据实际情况下载最新的软件包。为了能够更好地学习，建议读者下载对应版本的软件包，因为版本不同，安装过程可能存在差异。

Hadoop 平台部署架构表如表 3-2 所示。

表 3-2　Hadoop 平台部署架构表

组　件	进　程	master	node1	node2
HDFS	NameNode	√		
	Secondary NameNode		√	
	DataNode		√	√
YARN（MapReduce 2.0）	ResourceManager	√		
	NodeManager		√	√

此次安装 Hadoop 平台中核心的功能模块，主要包括 HDFS 和 YARN（MapReduce 2.0）。从表 3-2 中可以看出，HDFS 和 YARN 需要安装在每台服务器中。

任务 2　部署 Hadoop 集群

1. VirtualBox 的安装

虚拟机可以帮助我们在一台计算机中虚拟出更多台虚拟的服务器，从而可以在一台机器上完成大数据实验。当然，如果读者有多台计算机，则可以跳过此步骤，使用多台真实的服务器。

VirtualBox 的下载地址为 https://www.virtualbox.org，其下载页面如图 3-2 所示。

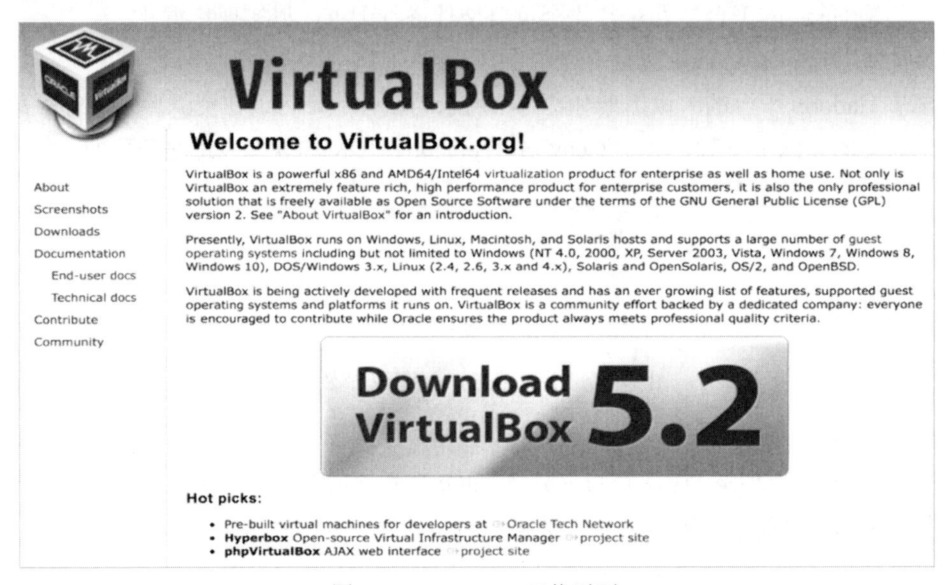

图 3-2　VirtualBox 下载页面

在安装过程中选择 Linux 系统版本的时候，应根据前面下载的 CentOS 内核来确定。在本次任务中，我们选择 Linux 2.6/3.x/4.x(64-bit)。Linux 选择界面如图 3-3 所示。

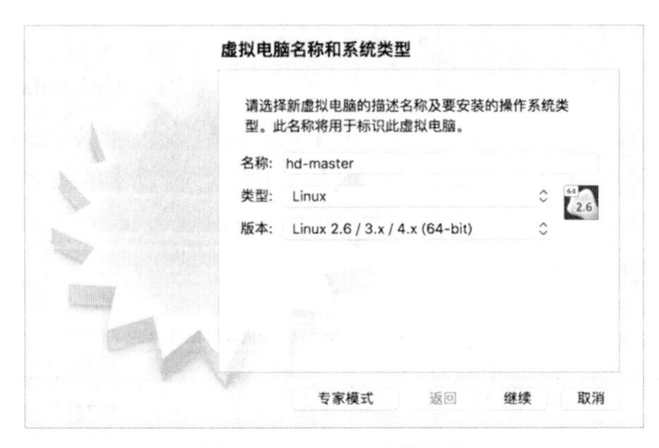

图 3-3　Linux 选择界面

2. CentOS 7 的安装

在 VirtualBox 上安装一台名为 hd-master 的 CentOS 虚拟机。为了避免重复安装，我们使用虚拟机的克隆功能，克隆两台 CentOS 虚拟机，并分别命名为 hd-node1 和 hd-node2。这样我们就有了 3 台虚拟机，分别为 hd-master、hd-node1 和 hd-node2。我们将以 3 台机器作为一个服务器集群。安装完成后的结果如图 3-4 所示。

在 hd-master 虚拟机上安装 CentOS 操作系统的具体步骤省略，请查看有关文献。

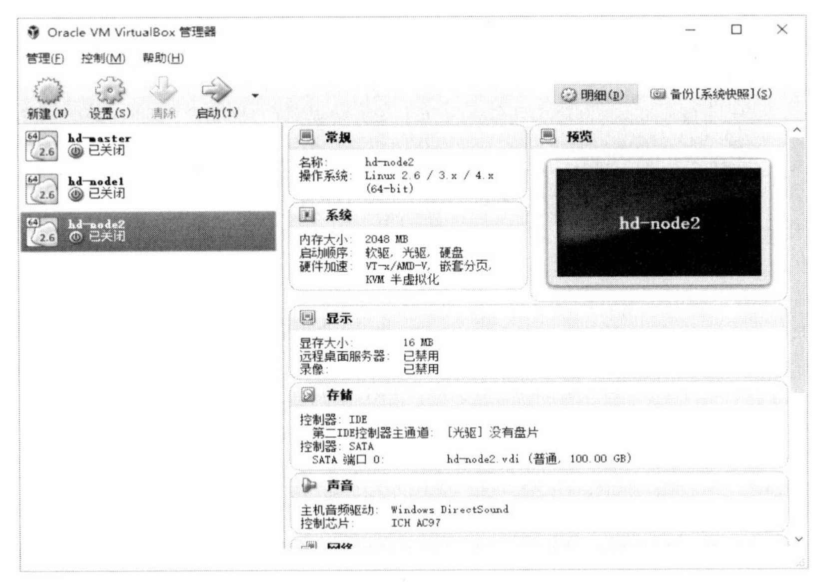

图 3-4　服务器集群虚拟机安装

3. 配置 Linux 系统

1）更改主机名

为了能够更加方便地识别主机，我们使用主机名，而不使用 IP 地址，以免多处配置带来更多的麻烦。把 hd-master、hd-node1、hd-node2 三台虚拟机中的主机名（hostname）分别更改为 master、node1、node2。命令如下：

```
[root@localhost ~]# cd /etc/                    //进入配置目录
[root@localhost ~]# vi hostname                 //编辑 hostname 配置文件
```

在 hd-master 的 hostname 配置文件中将主机名更改为 master，hd-node1 和 hd-node2 用同样的方式更改主机名并保存。

虚拟机 hd-master 中的 hostname 配置文件的内容如下：

```
master
```

虚拟机 hd-node1 中的 hostname 配置文件的内容如下：

```
node1
```

虚拟机 hd-node2 中的 hostname 配置文件的内容如下：

```
node2
```

验证 hd-master 中的主机名是否修改成功。命令如下：

```
[root@master ~]# hostname
master
[root@master ~]#
```

用同样的方式验证 hd-node1、hd-node2 中的主机名是否修改成功。

补充知识：

```
Linux 保存更改的命令为：wq
```

```
保存不更改的命令为：q!
```

2）配置主机的 IP 地址

查看 master 主机的 IP 地址，命令如下：

```
[root@master ~]# ip addr
```

如果发现 enp0s3 未显示 IP 地址，则说明 master 主机的 IP 地址未设置。

```
[root@master ~]# ip addr
1: lo: <LOOPBACK,UP,LOWER_UP> mtu 65536 qdisc noqueue state UNKNOWN
    link/loopback 00:00:00:00:00:00 brd 00:00:00:00:00:00
    inet 127.0.0.1/8 scope host lo
      valid_lft forever preferred_lft forever
    inet6 ::1/128 scope host
      valid_lft forever preferred_lft forever
2: enp0s3: <BROADCAST,MULTICAST,UP,LOWER_UP> mtu 1500 qdisc pfifo_fast state UP
qlen 1000
   link/ether 08:00:27:3b:e5:53 brd ff:ff:ff:ff:ff:ff
3: enp0s8: <BROADCAST,MULTICAST,UP,LOWER_UP> mtu 1500 qdisc pfifo_fast state UP
qlen 1000
    link/ether 08:00:27:88:4d:61 brd ff:ff:ff:ff:ff:ff
[root@master ~]#
```

需要开启主机的 static 模式，配置静态 IP 地址。

输入如下命令：

```
//进入网卡编辑目录
[root@master ~]# cd /etc/sysconfig/network-scripts/
//列出目录下所有的配置文件
[root@master network-script]# ls
//编辑网卡 enp0s3 的配置文件
[root@master network-script]# vi ifcfg-enp0s3
```

在打开的 ifcfg-enp0s3 配置文件中，配置如下：

```
BOOTPROTO=dhcp
ONBOOT=no
```

更改为

```
BOOTPROTO=static
ONBOOT=yes
#新增
IPADDR=192.168.56.3
GATEWAY=192.168.56.1
NETMASK=255.255.255.0
```

此时 ifcfg-enp0s3 配置文件的内容如下：

```
TYPE=Ethernet
BOOTPROTO=static
DEFROUTE=yes
PEERDNS=yes
PEERROUTES=yes
IPV4_FAILURE_FATAL=no
IPV6INIT=yes
```

```
IPV6_AUTOCONF=yes
IPV6_DEFROUTE=yes
IPV6_PEERDNS=yes
IPV6_PEERROUTES=yes
IPV6_FAILURE_FATAL=no
NAME=enp0s3
UUID=9544ecfb-15bb-4a5e-82b8-049f946231ac
DEVICE=enp0s3
ONBOOT=yes
IPADDR=192.168.56.3
GATEWAY=192.168.56.1
NETMASK=255.255.255.0
```

更改之后，使用 wq 命令保存。用同样的方式编辑网卡 enp0s8 的配置文件。激活配置文件，命令如下：

```
//激活网卡 enp0s3 的配置文件
[root@master network-script]#source ifcfg-enp0s3
//激活网卡 enp0s8 的配置文件
[root@master network-script]#source ifcfg-enp0s8
```

注：我们使用网卡 enp0s3 作为大数据平台集群通信地址，使用网卡 enp0s8 作为管理 IP。对应情况如下：

```
ifcfg-enp0s3                 ifcfg-enp0s8
192.168.56.3                 192.168.150.6
192.168.56.4                 192.168.150.7
192.168.56.5                 192.168.150.8
```

再次查看 master 主机的 IP 地址。命令如下：

```
[root@master network-script]# ip addr
```

如果还未获取 IP 地址，则使用 reboot 命令重启 CentOS 系统。

查看结果如下：

```
[root@master network-scripts]# ip addr
1: lo: <LOOPBACK,UP,LOWER_UP> mtu 65536 qdisc noqueue state UNKNOWN
   link/loopback 00:00:00:00:00:00 brd 00:00:00:00:00:00
   inet 127.0.0.1/8 scope host lo
      valid_lft forever preferred_lft forever
   inet6 ::1/128 scope host
      valid_lft forever preferred_lft forever
2: enp0s3: <BROADCAST,MULTICAST,UP,LOWER_UP> mtu 1500 qdisc pfifo_fast state UP
qlen 1000
   link/ether 08:00:27:3b:e5:53 brd ff:ff:ff:ff:ff:ff
   inet 192.168.56.3/24 brd 192.168.56.255 scope global dynamic enp0s3
      valid_lft 741sec preferred_lft 741sec
   inet6 fe80::a00:27ff:fe3b:e553/64 scope link
      valid_lft forever preferred_lft forever
3: enp0s8: <BROADCAST,MULTICAST,UP,LOWER_UP> mtu 1500 qdisc pfifo_fast state UP
qlen 1000
   link/ether 08:00:27:88:4d:61 brd ff:ff:ff:ff:ff:ff
   inet 192.168.150.6/24 brd 192.168.150.255 scope global dynamic enp0s8
```

```
        valid_lft 859sec preferred_lft 859sec
    inet6 fe80::a00:27ff:fe88:4d61/64 scope link
        valid_lft forever preferred_lft forever
```

可以看出，网卡 enp0s3 的 IP 地址为 192.168.56.3。

使用同样的方式更改 node1 和 node2 主机的网卡配置。配置结果如下：

```
master ip : 192.168.56.3
node1  ip : 192.168.56.4
node2  ip : 192.168.56.5
```

3）配置 hosts 文件

配置 hosts 文件主要是为了让机器能够互相识别主机名。

注：hosts 文件是域名解析文件，在 hosts 文件内配置了 IP 地址和主机名的对应关系。配置之后，就可以通过主机名定位到相应的 IP 地址。

命令如下：

```
//进入配置目录
[root@master /]# cd /etc
//编辑 hosts 配置文件
[root@master etc]# vi hosts
```

在 hosts 配置文件中输入如下内容：

```
192.168.56.3 master
192.168.56.4 node1
192.168.56.5 node2
```

hosts 配置文件的内容如下：

```
127.0.0.1   localhost localhost.localdomain localhost4 localhost4.localdomain4
::1         localhost localhost.localdomain localhost6 localhost6.localdomain6
192.168.56.3 master
192.168.56.4 node1
192.168.56.5 node2
```

4）配置 SSH 免密

首先确保 SSH 已经安装。查看命令如下：

```
[root@master ~]# ssh
```

如果出现如下内容，则说明系统已经安装了 SSH。如未安装，请参考其他教程进行安装。

```
[root@master ~]# ssh
usage: ssh [-1246AaCfgKkMNnqsTtVvXxYy] [-b bind_address] [-c cipher_spec]
           [-D [bind_address:]port] [-E log_file] [-e escape_char]
           [-F configfile] [-I pkcs11] [-i identity_file]
           [-L [bind_address:]port:host:hostport] [-l login_name] [-m mac_spec]
           [-O ctl_cmd] [-o option] [-p port]
           [-Q cipher | cipher-auth | mac | kex | key]
           [-R [bind_address:]port:host:hostport] [-S ctl_path] [-W host:port]
           [-w local_tun[:remote_tun]] [user@]hostname [command]
[root@master ~]#
```

然后制作 RSA 密钥。命令如下：

```
ssh-keygen -t rsa -P '' -f ~/.ssh/id_rsa
```

注:-P ''表示设置密码为空;-f 用于设置产生的文件位置;.ssh 是 SSH 默认查找的目录;id_rsa 是产生的密钥文件名。

RSA 密钥内容如下:

```
[root@master ~]# ssh-keygen -t rsa -P '' -f ~/.ssh/id_rsa
Generating public/private rsa key pair.
Your identification has been saved in /root/.ssh/id_ras.
Your public key has been saved in /root/.ssh/id_ras.pub.
The key fingerprint is:
21:09:dc:ee:be:f8:a3:b5:82:92:6e:03:02:21:ea:2c root@node3
The key's randomart image is:
+--[ RSA 2048]----+
|   ...           |
|o   ....         |
|o.   .o .        |
|o     .. .       |
|+    .  S        |
|Eo    .          |
|+. . . ..        |
|oo. .oo.         |
|oo. o++o         |
+-----------------+
[root@master ~]#
```

或者使用命令“ssh-keygen -t rsa”,然后按 3 次回车键即可实现上述功能。

```
[root@node3 ~]# ssh-keygen -t rsa
Generating public/private rsa key pair.
Enter file in which to save the key (/root/.ssh/id_rsa): 回车
Enter passphrase (empty for no passphrase): 回车
Enter same passphrase again: 回车
Your identification has been saved in .es
Your public key has been saved in .pub.
The key fingerprint is:
38:fa:33:d4:9f:39:99:1e:7d:3d:30:71:83:6c:e9:98 root@node3
The key's randomart image is:
+--[ RSA 2048]----+
|                 |
|            . o  |
|             * o |
|     .     = o . |
|     o.S  E +    |
|    ....  . o.   |
|   ..   ..=. ... |
|     .o   B. .  .|
|      .o ...     |
+-----------------+
[root@node3 ~]#
```

此时,在~/.ssh 目录下生成的文件如下:

```
[root@master .ssh]# ls
```

```
id_rsa   id_rsa.pub
```

把产生的公钥文件放置到 authorized_keys 文件中。命令如下：

```
[root@master etc ]# cat ~/.ssh/id_rsa.pub >> ~/.ssh/authorized_keys
[root@master etc ]# chmod 0600 ~/.ssh/authorized_keys
```

测试是否免密成功。命令如下：

```
[root@master etc ]# ssh master
The authenticity of 'hostlocalhost(::1)' can't be established.
ECDSA key fingerprint is 31:ae:3a:45:61:6c:82:63:c4:b5:f4:15:e7:2e:02:a6.
Are you sure you want to continue connecting (yes/no)?yes
Warning:Permanently added 'localhost'(ECDSA) to the list of known hosts.
root@localhost's password://输入该主机的登录密码
last login:Tue Aug 14 15:55:16 2018 from 192.168.56.1
[root@master ~]#
```

第一次登录需要进行密码的验证。第二次登录不再需要输入密码，可以直接登录。命令如下：

```
[root@master ~]# ssh master
Last login: Tue Aug 14  15:57:47 2018 from localhost
[root@master ~]# ssh master
```

用同样的方式设置 node1 和 node2 主机。

注：配置 SSH 免密后，会生成 4 个文件。查看命令如下：

```
[root@master .ssh]# ls
authorized_keys  id_rsa  id_rsa.pub  known_hosts
```

- authorized_keys：需要免密登录的主机的公钥信息。
- id_rsa：私有密钥。
- id_rsa.pub：公有密钥。
- known_hosts：已知的主机信息。

在其他机器（node1 和 node2）上使用“ssh-copy-id -i master”命令将本地公钥发送到 master 主机的 authorized_keys 文件中。

在 node1 主机上，传输公钥到 master 主机。命令如下：

```
[root@node1 ~]# ssh-copy-id -i master
/usr/bin/ssh-copy-id: INFO: attempting to log in with the new key(s), to filter out any that are already installed
/usr/bin/ssh-copy-id: INFO: 1 key(s) remain to be installed -- if you are prompted now it is to install the new keys

Number of key(s) added: 1

Now try logging into the machine, with:   "ssh 'master'"
and check to make sure that only the key(s) you wanted were added.
```

```
[root@node1 ~]#
```

在 node2 主机上，传输公钥到 master 主机。命令如下：

```
[root@node2 ~]# ssh-copy-id -i master
/usr/bin/ssh-copy-id: INFO: attempting to log in with the new key(s), to filter
out any that are already installed
/usr/bin/ssh-copy-id: INFO: 1 key(s) remain to be installed -- if you are prompted
now it is to install the new keys

Number of key(s) added: 1

Now try logging into the machine, with:   "ssh 'master'"
and check to make sure that only the key(s) you wanted were added.

[root@node2 ~]#
```

用同样的方式在 master 主机上执行如下命令：

```
[root@master ~]# ssh-copy-id -i node1
[root@master ~]# ssh-copy-id -i node2
```

查看 master 主机的 authorized_keys 文件内容的变化，其中包含了 root@master、root@node1、root@node2 的公钥。命令如下：

```
[root@master ~]# more ~/.ssh/authorized_keys
ssh-rsa
AAAAB3NzaC1yc2EAAAADAQABAAABAQCnBaa/+1oXY0JGHBjpAZ9yNHT8OxnpUZcdXoPiBiVLuMvAf73Z87n
3cIGVR3ljersHlI6Be0JlMpWschY9xxVY2z6fpHfgeOIHv0xG8lU1Zi+R4oEZUu+nUWmy/rgvD7y2B6VwXr
sJ0jKDkARStS9GML8ilL7HcR6WafsgBA9k3XWy06pHZY0EE1n+kCcemXDv5n3l6t0MVJptG6Xo3EIBjvWDg
Yv4UyuK0eUZVEabTOE85zU0RpfH+YJHdYAv8892h64W/oSU3Bfje0rDWLcnet0RDQGMJbAhxmQ0RC1vI/dY
G/z5ayJ2P6XEd6oURcojC9ApjBBx+B0js2xCWmgr root@master
ssh-rsa
AAAAB3NzaC1yc2EAAAADAQABAAABAQC3BByGP94Jn7UaQD15d36CYmoASBgSJBuxU532KJmMQ/dBMdl7yo9
4kxn/JiyyDDC3VIBajIcoGjLxtEytQ2ydqcpEHsxAUydSwi59JLjL4NSjWv11xCMgz/c0a+u+618JqmKW+s
6ou8w+MP8Z0Keu+CbQUnC7ihFzdm07H5XMQBazL8ZU1J2s3sFofj/zmfn7vSgmoJPt5pMATNFh4Jjn+p9Vn
3sy9Ngj2jg/x5E8BiNBP86usxSThWK8aC0PEWO+wGif31p+xdn+160Hfk5mSMxuVsKsx/wlz9U6XA+ldHeo
Dt4n4470u6h578LhAAymdeVoLVDt85KSJjqH5OYx root@node1
ssh-rsa
AAAAB3NzaC1yc2EAAAADAQABAAABAQDgt6pvFjTsweNBZvRZjqiuv8RgNhcpu9zklqXiEvWhLykY9j8nKpC
P+Nbin3hKR09ItFoSJGUEfFt2JWjYUVm29qgN5lyPXMqfG0+gbQyZBdStZuwkmevE3Sl8dBV3BAU2n0Xubv
mIzt4r/N+RbNsFXPiNFjNAJ1uixJeyOQ5Ga3Qo0fv/IQOhd14ms29ZFCMG+2HQQnKmTIZn60X0Yu458pce5
v9ysE/UmWcp1Nd0oR3OC5SpRvSpo4oAn3c3MzrSo571De7+LRX3J8rxKx2fkCjtvoIWxlK9wivOfHOAvps0
nyb7VUS2U7ZO8fylYMh7Nx0GAK4sajxg1DM04eCN root@node2
[root@master ~]#
```

在 master 主机上授权 authorized_keys 文件。命令如下：

```
[root@master .ssh]# chmod 0600 authorized_keys
```

```
[root@master .ssh]# ll
总用量 12
-rw-------. 1 root root 1177 11月  3 09:24 authorized_keys
-rw-------. 1 root root 1675 11月  3 09:07 id_rsa
-rw-r--r--. 1 root root  393 11月  3 09:07 id_rsa.pub
-rw-r--r--. 1 root root 393  11月  3 09:24 known_hosts
```

将授权文件发送到其他主机上。命令如下：

```
[root@master .ssh]# scp authorized_keys node1:/root/.ssh/
The authenticity of host 'node1 (192.168.56.4)' can't be established.
ECDSA key fingerprint is 31:ae:3a:45:61:6c:82:63:c4:b5:f4:15:e7:2e:02:a6.
Are you sure you want to continue connecting (yes/no)? yes
Warning: Permanently added 'node1,192.168.56.4' (ECDSA) to the list of known
hosts.
authorized_keys
100% 1177    1.5KB/s   00:00
[root@master .ssh]#
```

```
[root@master .ssh]# scp authorized_keys node2:/root/.ssh/
The authenticity of host 'node2 (192.168.56.5)' can't be established.
ECDSA key fingerprint is 31:ae:3a:45:61:6c:82:63:c4:b5:f4:15:e7:2e:02:a6.
Are you sure you want to continue connecting (yes/no)? yes
Warning: Permanently added 'node2,192.168.56.5' (ECDSA) to the list of known
hosts.
authorized_keys
100% 1177   1.5KB/s   00:00
[root@master .ssh]#
```

此时，所有主机互相拥有了对方的公钥，主机之间就可以实现免密访问了。例如：

```
[root@master .ssh]# ssh node1
Last login:Sat Nov 3 08:51:52 2018 from master
[root@master .ssh]#
```

5）关闭防火墙

命令如下：

```
//关闭防火墙
[root@master /]# systemctl stop firewalld.service
//每次开机都关闭防火墙，执行开机禁用防火墙自启命令
[root@master /]# systemctl disable firewalld.service
```

用同样的方法关闭node1和node2主机的防火墙。如未关闭，那么在最后访问网站的时候会由于防火墙未关闭而导致无法访问。

4. JDK环境的安装

在master主机中新建目录/opt/bigdata/，在此目录下存放Hadoop大数据平台所需的软件

包。命令如下：

```
//定位 opt 目录
[root@master /]# cd /opt/
//在 opt 目录下新建 bigdata 文件夹
[root@master /]# mkdir bigdata
//查看 opt 目录下的文件夹是否存在
[root@master /]# ls
bigdata
[root@master /]#
```

1）把下载好的 JDK 包上传至 master 主机中

JDK 是安装 Hadoop 的基础环境，所以需要事先安装好 JDK 环境。上传 JDK 包到 master 主机中，如图 3-5 所示。

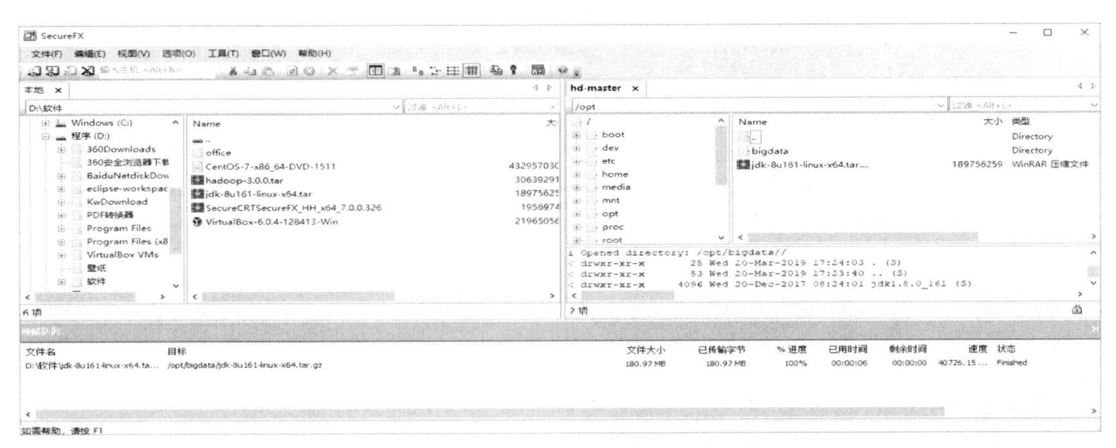

图 3-5　上传 JDK 包到 master 主机中

2）解压 JDK 包并配置为环境变量

在当前文件夹下解压 JDK 包。命令如下：

```
[root@master opt]# cd /
[root@master /]# cd /opt/
[root@master opt]# ls
bigdata jdk-8u161-linux-x64.tar.gz
//解压 JDK 包
[root@master opt]# tar -zxvf jdk-8u161-linux-x64.tar.gz
[root@master opt]# ls
bigdata jdk1.8.0_161 jdk-8u161-linux-x64.tar.gz
//把 JDK 目录移动至 bigdata 目录
[root@master opt]# mv jdk1.8.0_161/ bigdata
[root@master opt]# cd bigdata/
//查看是否移动成功
[root@master bigdata]# ls
jdk1.8.0_161
[root@master bigdata]#
```

配置 JDK 到系统环境变量。命令如下：

```
[root@master /]# vi /etc/profile
```

在环境变量配置文件 profile 中增加 JDK 的环境变量，文件内容如下：

```
# By default, we want umask to get set. This sets it for login shell
# Current threshold for system reserved uid/gids is 200
# You could check uidgid reservation validity in
# /usr/share/doc/setup-*/uidgid file
if [ $UID -gt 199 ] && [ "`id -gn`" = "`id -un`" ]; then
    umask 002
else
    umask 022
fi

for i in /etc/profile.d/*.sh ; do
    if [ -r "$i" ]; then
        if [ "${-#*i}" != "$-" ]; then
            . "$i"
        else
            . "$i" >/dev/null
        fi
    fi
done
#----------------修改内容-----------------------
export JAVA_HOME="/opt/bigdata/jdk1.8.0_161"
export PATH=$JAVA_HOME/bin:$PATH
#---------------------------------------------
unset i
unset -f pathmunge
```

激活 profile 文件并验证 Java 环境变量是否生效。命令如下：

```
[root@master /]# source /etc/profile
[root@master /]# java -version
java version "1.8.0_161"
Java(TM) SE Runtime Environment (build 1.8.0_161-b12)
Java HotSpot(TM) 64-Bit Server VM (build 25.161-b12, mixed mode)
[root@master /]#
```

复制 bigdata 目录下的文件到其他主机（node1、node2）。命令如下：

```
[root@master /]# scp -r /opt/bigdata/ node1:/opt/
[root@master /]# scp -r /opt/bigdata/ node2:/opt/
```

查看 bigdata 目录下的文件是否复制到 node1 主机。命令如下：

```
[root@node1 opt]# ls
bigdata
[root@node1 opt]# cd bigdata
[root@node1 bigdata]# ls
Jdk1.8.0_161
[root@node1 bigdata]#
```

用同样的方法配置 node1 和 node2 主机的环境变量并激活。

5．Hadoop 的安装

1）把 hadoop-3.0.0.tar.gz 压缩包上传至 master 主机中

使用 SecureFX 软件连接 master 主机（192.168.150.6），上传 Hadoop 压缩包到 master 主机中，如图 3-6 所示。

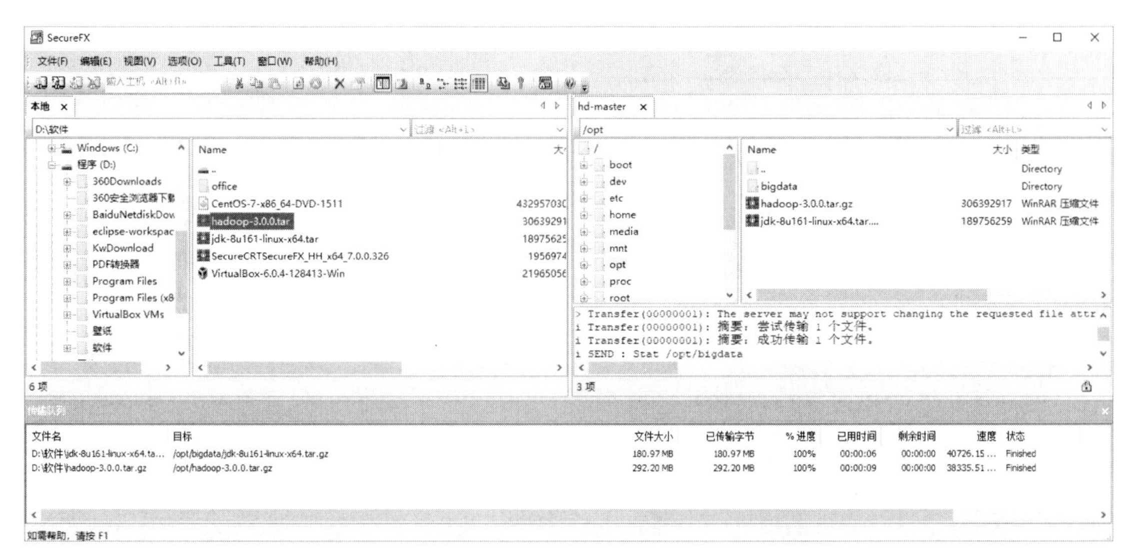

图 3-6　上传 Hadoop 压缩包到 master 主机中

2）解压 Hadoop 压缩包

在 master 主机上执行如下命令：

```
[root@master /]# cd /opt/                                    //进入 opt 目录
[root@master opt]# ls                                        //查看 opt 目录下的文件
bigdata hadoop-3.0.0.tar.gz  jdk-8u161-linux-x64.tar.gz
[root@master opt]#tar -zxvf hadoop-3.0.0.tar.gz              //解压 Hadoop 压缩包
```

把解压后的文件夹放到 bigdata 目录中。

当前目录：opt。

命令如下：

```
[root@master opt]#ls                            //查看当前目录（opt）下的文件
[root@master opt]#mv hadoop-3.0.0 bigdata       //把 hadoop-3.0.0 目录复制到 bigdata 目录里
[root@master opt]#cd bigdata                    //进入 bigdata 目录
[root@master bigdata]#ls                    //查看 bigdata 目录里是否有 hadoop-3.0.0 目录
```

效果如下：

```
[root@master /]# cd /opt/
[root@master opt]# ls
bigdata  hadoop-3.0.0  hadoop-3.0.0.tar.gz  jdk-8u161-linux-x64.tar.gz
[root@master opt]# mv hadoop-3.0.0 bigdata/
[root@master opt]# cd bigdata/
[root@master bigdata]# ls
hadoop-3.0.0  jdk1.8.0_161
[root@master bigdata]#
```

3）配置 Hadoop 环境变量

注：环境变量一般是指用来指定操作系统运行环境的一些参数。把一个包含命令的目录配置在环境变量中，该目录中的命令在任何位置都可以使用。

编辑环境变量配置文件 profile。命令如下：

```
[root@master bigdata]# vi /etc/profile
```

添加如下内容：

```
export HADOOP_HOME=/opt/bigdata/hadoop-3.0.0
export PATH=$HADOOP_HOME/bin:$HADOOP_HOME/sbin:$PATH
```

profile 文件的内容如下：

```
# /usr/share/doc/setup-*/uidgid file
if [ $UID -gt 199 ] && [ "`id -gn`" = "`id -un`" ]; then
   umask 002
else
   umask 022
fi

for i in /etc/profile.d/*.sh ; do
   if [ -r "$i" ]; then
       if [ "${-#*i}" != "$-" ]; then
           . "$i"
       else
           . "$i" >/dev/null
       fi
   fi
done
export JAVA_HOME="/opt/bigdata/jdk1.8.0_161"
export PATH=$JAVA_HOME/bin:$PATH
export HADOOP_HOME=/opt/bigdata/hadoop-3.0.0
export PATH=$HADOOP_HOME/bin:$HADOOP_HOME/sbin:$PATH

unset i
unset -f pathmunge
```

保存后激活 profile 文件，并查看 Hadoop 是否能够正常使用。命令如下：

```
[root@master bigdata]# source /etc/profile
[root@master bigdata]# hadoop version
```

效果如下：

```
[root@master bigdata]# source /etc/profile
[root@master bigdata]# hadoop version
Hadoop 3.0.0
Source code repository https://git-wip-us.apache.org/repos/asf/hadoop.git -r
c25427ceca461ee979d30edd7a4b0f50718e6533
Compiled by andrew on 2017-12-08T19:16Z
Compiled with protoc 2.5.0
From source with checksum 397832cb5529187dc8cd74ad54ff22
This command was run using /opt/bigdata/hadoop-3.0.0/share/hadoop/common/hadoop
-common-3.0.0.jar
[root@master bigdata]#
```

如果出现上述代码，则说明 Hadoop 环境变量配置成功。

6．配置 Hadoop 守护程序的环境

管理员应该使用/etc/hadoop/hadoop-env.sh 及可选的/etc/hadoop/mapred-env.sh 和/etc/hadoop/yarn-env.sh 来配置 Hadoop 守护进程的环境。至少需要指定 JAVA_HOME。常用的配置选项请参考本章附录。

打开需要配置 Hadoop 的位置。命令如下：

```
//打开配置 Hadoop 的文件夹
[root@master ~]# cd /opt/bigdata/hadoop-3.0.0/etc/hadoop/
//查看文件夹的内容
[root@master hadoop]# ls
```

效果如下：

```
[root@master ~]# cd /opt/bigdata/hadoop-3.0.0/etc/hadoop/
[root@master hadoop]# ls
capacity-scheduler.xml                  kms-log4j.properties
configuration.xsl                       kms-site.xml
container-executor.cfg                  log4j.properties
core-site.xml                           mapred-env.cmd
hadoop-env.cmd                          mapred-env.sh
hadoop-env.sh                           mapred-queues.xml.template
hadoop-metrics2.properties              mapred-site.xml
hadoop-policy.xml                       shellprofile.d
hadoop-user-functions.sh.example        ssl-client.xml.example
hdfs-site.xml                           ssl-server.xml.example
httpfs-env.sh                           user_ec_policies.xml.template
httpfs-log4j.properties                 workers
httpfs-signature.secret                 yarn-env.cmd
httpfs-site.xml                         yarn-env.sh
kms-acls.xml                            yarn-site.xml
kms-env.sh
[root@master hadoop]#
```

首先建立 NameNode 的存放目录。

```
[root@master hadoop-3.0.0]# mkdir hdfs
[root@master hadoop-3.0.0]# cd hdfs/
[root@master hdfs]# mkdir name
```

然后编辑 hadoop-env.sh 文件。

当前目录：/opt/bigdata/hadoop-3.0.0/etc/hadoop/。

命令如下：

```
[root@master hadoop]# vi hadoop-env.sh
```

在打开的 hadoop-env.sh 文件中查找 JAVA_HOME 的位置。命令如下：

```
:/export JAVA_HOME
```

查找结果如下：

```
# Technically, the only required environment variable is JAVA_HOME.
# All others are optional.  However, the defaults are probably not
# preferred.  Many sites configure these options outside of Hadoop,
# such as in /etc/profile.d

# The java implementation to use. By default, this environment
# variable is REQUIRED on ALL platforms except OS X!
# export JAVA_HOME= //在此处输入 JAVA_HOME 的绝对路径
# Location of Hadoop.  By default, Hadoop will attempt to determine
# this location based upon its execution path.
```

```
# export HADOOP_HOME=

# Location of Hadoop's configuration information.  i.e., where this
# file is living. If this is not defined, Hadoop will attempt to
# locate it based upon its execution path.
#
# NOTE: It is recommend that this variable not be set here but in
# /etc/profile.d or equivalent.  Some options (such as
```

定位到 export JAVA_HOME，输入 JAVA_HOME 的绝对路径。

```
export JAVA_HOME=/opt/bigdata/jdk1.8.0_161
```

注：在此处必须输入 JAVA_HOME 的绝对路径，而不能使用环境变量的变量名进行配置，例如：

```
export JAVA_HOME=$JAVA_HOME
```

7．配置 Hadoop 守护进程

Hadoop 目录是 Hadoop 平台的配置目录，我们需要对 core-site.xml、hdfs-site.xml、mapred-site.xml、yarn-site.xml 文件进行配置。常用的配置选项请参考本章附录。

1）配置 core-site.xml

编辑 core-site.xml 文件。

当前目录：/opt/bigdata/Hadoop-3.0.0/etc/Hadoop/。

命令如下：

```
[root@master hadoop]# vi core-site.xml
```

进入 core-site.xml 文件，找到<configuration>标签的位置。

```
<?xml version="1.0" encoding="UTF-8"?>
<?xml-stylesheet type="text/xsl" href="configuration.xsl"?>
<!--
  Licensed under the Apache License, Version 2.0 (the "License");
  you may not use this file except in compliance with the License.
  You may obtain a copy of the License at

    http://www.apache.org/licenses/LICENSE-2.0

  Unless required by applicable law or agreed to in writing, software
  distributed under the License is distributed on an "AS IS" BASIS,
  WITHOUT WARRANTIES OR CONDITIONS OF ANY KIND, either express or implied.
  See the License for the specific language governing permissions and
  limitations under the License. See accompanying LICENSE file.
-->

<!-- Put site-specific property overrides in this file. -->

<configuration>
<!—在此处添加配置信息-->
</configuration>

"core-site.xml" 28L, 982C
```

添加如下内容：

```
<configuration>
  <property>
    <name>fs.default.name</name>
    <value>hdfs://master:9000</value>
  </property>
  <property>
    <name>hadoop.temp.dir</name>
    <value>/opt/bigdata/hadoop-3.0.0/tmp</value>
  </property>
</configuration>
```

2）配置 hdfs-site.xml

编辑 hdfs-site.xml 文件，找到<configuration>标签的位置。

```
[root@master hadoop]# vi hdfs-site.xml
<?xml version="1.0" encoding="UTF-8"?>
<?xml-stylesheet type="text/xsl" href="configuration.xsl"?>
<!--
  Licensed under the Apache License, Version 2.0 (the "License");
  you may not use this file except in compliance with the License.
  You may obtain a copy of the License at

    http://www.apache.org/licenses/LICENSE-2.0

  Unless required by applicable law or agreed to in writing, software
  distributed under the License is distributed on an "AS IS" BASIS,
  WITHOUT WARRANTIES OR CONDITIONS OF ANY KIND, either express or implied.
  See the License for the specific language governing permissions and
  limitations under the License. See accompanying LICENSE file.
-->

<!-- Put site-specific property overrides in this file. -->

<configuration>
<!—在此处添加配置信息-->
</configuration>
```

添加如下内容：

```
  <configuration>
  <property>
    <name>dfs.replication</name>
    <value>2</value>
  </property>
  <property>
    <name>dfs.namenode.name.dir</name>
    <value>/opt/bigdata/hadoop-3.0.0/hdfs/name</value>
  </property>
  <property>
    <name>dfs.datanode.data.dir</name>
```

```
    <value>/opt/bigdata/hadoop-3.0.0/hdfs/data</value>
  </property>
  <property>
    <name>dfs.namenode.secondary.http-address</name>
    <value>node1:9001</value>
  </property>
  <property>
    <name>dfs.http.address</name>
    <value>0.0.0.0:50070</value>
  </property>
</configuration>
```

3）配置 mapred-site.xml

编辑 mapred-site.xml 文件，找到<configuration>标签的位置。

```
[root@master hadoop]# vi mapred-site.xml
<?xml version="1.0"?>
<?xml-stylesheet type="text/xsl" href="configuration.xsl"?>
<!--
  Licensed under the Apache License, Version 2.0 (the "License");
  you may not use this file except in compliance with the License.
  You may obtain a copy of the License at

    http://www.apache.org/licenses/LICENSE-2.0

  Unless required by applicable law or agreed to in writing, software
  distributed under the License is distributed on an "AS IS" BASIS,
  WITHOUT WARRANTIES OR CONDITIONS OF ANY KIND, either express or implied.
  See the License for the specific language governing permissions and
  limitations under the License. See accompanying LICENSE file.
-->

<!-- Put site-specific property overrides in this file. -->

<configuration>
<!-在此处添加配置信息-->
</configuration>
```

添加如下内容：

```
<configuration>
  <property>
    <name>mapreduce.framework.name</name>
    <value>yarn</value>
  </property>
  <property>
    <name>mapred.job.tracker.http.address</name>
    <value>0.0.0.0:50030</value>
  </property>
  <property>
    <name>mapred.task.tracker.http.address</name>
    <value>0.0.0.0:50060</value>
```

```
  </property>
  <property>
    <name>mapreduce.applicaton.classpath</name>
    <value>
      /opt/bigdata/hadoop-3.0.0/etc/hadoop,
      /opt/bigdata/hadoop-3.0.0/share/hadoop/common/*,
      /opt/bigdata/hadoop-3.0.0/share/hadoop/common/lib/*,
      /opt/bigdata/hadoop-3.0.0/share/hadoop/hdfs/*,
      /opt/bigdata/hadoop-3.0.0/share/hadoop/hdfs/lib/*
      /opt/bigdata/hadoop-3.0.0/share/hadoop/mapreduce/*,
      /opt/bigdata/hadoop-3.0.0/share/hadoop/yarn/*,
      /opt/bigdata/hadoop-3.0.0/share/hadoop/yarn/lib/*
    </value>
  </property>
</configuration>
```

4）配置 yarn-site.xml

编辑 yarn-site.xml 文件。命令如下：

```
[root@node3 hadoop]# vi yarn-site.xml
```

配置内容如下：

```
<?xml version="1.0"?>
<!--
  Licensed under the Apache License, Version 2.0 (the "License");
  you may not use this file except in compliance with the License.
  You may obtain a copy of the License at

    http://www.apache.org/licenses/LICENSE-2.0

  Unless required by applicable law or agreed to in writing, software
  distributed under the License is distributed on an "AS IS" BASIS,
  WITHOUT WARRANTIES OR CONDITIONS OF ANY KIND, either express or implied.
  See the License for the specific language governing permissions and
  limitations under the License. See accompanying LICENSE file.
-->
<configuration>

<!-- Site specific YARN configuration properties -->
  <property>
    <name>yarn.resourcemanager.hostname</name>
    <value>master</value>
  </property>
  <property>
    <name>yarn.resourcemanager.webapp.address</name>
    <value>master:8099</value>
  </property>
  <property>
    <name>yarn.application.classpath</name>
    <value>/opt/bigdata/hadoop-3.0.0/etc/hadoop:/opt/bigdata/hadoop-
```

```
3.0.0/share/hadoop/common/lib/*:/opt/bigdata/hadoop-
3.0.0/share/hadoop/common/*:/opt/bigdata/hadoop-
3.0.0/share/hadoop/hdfs:/opt/bigdata/hadoop-
3.0.0/share/hadoop/hdfs/lib/*:/opt/bigdata/hadoop-
3.0.0/share/hadoop/hdfs/*:/opt/bigdata/hadoop-
3.0.0/share/hadoop/mapreduce/*:/opt/bigdata/hadoop-
3.0.0/share/hadoop/yarn:/opt/bigdata/hadoop-
3.0.0/share/hadoop/yarn/lib/*:/opt/bigdata/hadoop-3.0.0/share/hadoop/yarn/*
     </value>
      </property>
    <property>
        <name>yarn.nodemanager.vmem-check-enabled</name>
        <value>false</value>
    </property>
    </configuration>
```

8. 配置 workers 文件

编辑 workers 文件。命令如下：

```
[root@master hadoop]# vi workers
```

在 works 文件中添加节点名。命令如下：

```
node1
node2
```

因为前面已经配置了 hosts 文件，所以此处可以直接写主机名。如果没有配置 hosts 文件，则必须输入相应主机的 IP 地址。Hadoop 会把配置在这里的主机当作 DataNode。

9. 把 Hadoop 压缩包复制到其他主机上

把 Hadoop 压缩包复制到所有的 DataNode，此处是 node1 和 node2。

当前目录：/opt/bigdata。

命令如下：

```
[root@master bigdata]# scp -r hadoop-3.0.0/ node1:/opt/bigdata
[root@master bigdata]# scp -r hadoop-3.0.0/ node2:/opt/bigdata
```

用同样的方法配置 node1 和 node2 主机的环境变量。

10. 启动 Hadoop 平台

1）使用 start-all.sh 命令启动 Hadoop 平台

命令如下：

```
[root@master bigdata]# start-all.sh
Starting namenodes on [master]
ERROR: Attempting to operate on hdfs namenode as root
ERROR: but there is no HDFS_NAMENODE_USER defined. Aborting operation.
Starting datanodes
ERROR: Attempting to operate on hdfs datanode as root
ERROR: but there is no HDFS_DATANODE_USER defined. Aborting operation.
Starting secondary namenodes [node1]
ERROR: Attempting to operate on hdfs secondarynamenode as root
ERROR: but there is no HDFS_SECONDARYNAMENODE_USER defined. Aborting operation.
Starting resourcemanager
```

```
ERROR: Attempting to operate on yarn resourcemanager as root
ERROR: but there is no YARN_RESOURCEMANAGER_USER defined. Aborting operation.
Starting nodemanagers
ERROR: Attempting to operate on yarn nodemanager as root
ERROR: but there is no YARN_NODEMANAGER_USER defined. Aborting operation.
[root@master bigdata]#
```

如果出现上面代码中的错误，则请看如下解决方案。

2）启动报错问题的解决方案

需要修改 start-dfs.sh、stop-dfs.sh、start-yarn.sh 和 stop-yarn.sh 4 个文件，并且需要修改/etc/selinux/config 配置文件。

修改 start-dfs.sh 文件。命令如下：

```
[root@master bigdata]# cd /
[root@master /]# cd /opt/bigdata/hadoop-3.0.0/sbin/
[root@master sbin]# ls
distribute-exclude.sh    start-all.sh          stop-balancer.sh
FederationStateStore     start-balancer.sh     stop-dfs.cmd
hadoop-daemon.sh         start-dfs.cmd         stop-dfs.sh
hadoop-daemons.sh        start-dfs.sh          stop-secure-dns.sh
httpfs.sh                start-secure-dns.sh   stop-yarn.cmd
kms.sh                   start-yarn.cmd        stop-yarn.sh
mr-jobhistory-daemon.sh  start-yarn.sh         workers.sh
refresh-namenodes.sh     stop-all.cmd          yarn-daemon.sh
start-all.cmd            stop-all.sh           yarn-daemons.sh
[root@master sbin]# vi start-dfs.sh
#!/usr/bin/env bash
HDFS_DATANODE_USER=root
HDFS_DATANODE_SECURE_USER =hdfs
HDFS_NAMENODE_USER=root
HDFS_SECONDARYNAMENODE=USER=root

# Licensed to the Apache Software Foundation (ASF) under one or more
# contributor license agreements.  See the NOTICE file distributed with
# this work for additional information regarding copyright ownership.
# The ASF licenses this file to You under the Apache License, Version 2.0
# (the "License"); you may not use this file except in compliance with
# the License.  You may obtain a copy of the License at
#
#    http://www.apache.org/licenses/LICENSE-2.0
#
# Unless required by applicable law or agreed to in writing, software
# distributed under the License is distributed on an "AS IS" BASIS,
# WITHOUT WARRANTIES OR CONDITIONS OF ANY KIND, either express or implied.
# See the License for the specific language governing permissions and
# limitations under the License.
```

修改 stop-dfs.sh 文件。命令如下：

```
[root@master sbin]# vi stop-dfs.sh
#!/usr/bin/env bash
```

```
HDFS_DATANODE_USER=root
HDFS_DATANODE_SECURE_USER =hdfs
HDFS_NAMENODE_USER=root
HDFS_SECONDARYNAMENODE_USER=root

# Licensed to the Apache Software Foundation (ASF) under one or more
# contributor license agreements.  See the NOTICE file distributed with
# this work for additional information regarding copyright ownership.
# The ASF licenses this file to You under the Apache License, Version 2.0
# (the "License"); you may not use this file except in compliance with
# the License.  You may obtain a copy of the License at
#
#     http://www.apache.org/licenses/LICENSE-2.0
#
# Unless required by applicable law or agreed to in writing, software
# distributed under the License is distributed on an "AS IS" BASIS,
# WITHOUT WARRANTIES OR CONDITIONS OF ANY KIND, either express or implied.
# See the License for the specific language governing permissions and
# limitations under the License.
# Stop hadoop dfs daemons.
"stop-dfs.sh" 137L, 4171C written
```

修改 start-yarn.sh 文件。命令如下：

```
[root@master sbin]# vi start-yarn.sh
#!/usr/bin/env bash
YARN_RESOURCEMANAGER_USER=root
HADOOP_SECURE_DN_USER=yarn
YARN_NODEMANAGER_USER=root

# Licensed to the Apache Software Foundation (ASF) under one or more
# contributor license agreements.  See the NOTICE file distributed with
# this work for additional information regarding copyright ownership.
# The ASF licenses this file to You under the Apache License, Version 2.0
# (the "License"); you may not use this file except in compliance with
# the License.  You may obtain a copy of the License at
#
#     http://www.apache.org/licenses/LICENSE-2.0
#
# Unless required by applicable law or agreed to in writing, software
# distributed under the License is distributed on an "AS IS" BASIS,
# WITHOUT WARRANTIES OR CONDITIONS OF ANY KIND, either express or implied.
# See the License for the specific language governing permissions and
# limitations under the License.

## @description  usage info
## @audience     private
## @stability    evolving
```

修改 stop-yarn.sh 文件。命令如下：

```
[root@master sbin]# vi stop-yarn.sh
#!/usr/bin/env bash
YARN_RESOURCEMANAGER_USER=root
HADOOP_SECURE_DN_USER=yarn
YARN_NODEMANAGER_USER=root

# Licensed to the Apache Software Foundation (ASF) under one or more
# contributor license agreements.  See the NOTICE file distributed with
# this work for additional information regarding copyright ownership.
# The ASF licenses this file to You under the Apache License, Version 2.0
# (the "License"); you may not use this file except in compliance with
# the License.  You may obtain a copy of the License at
#
#     http://www.apache.org/licenses/LICENSE-2.0
#
# Unless required by applicable law or agreed to in writing, software
# distributed under the License is distributed on an "AS IS" BASIS,
# WITHOUT WARRANTIES OR CONDITIONS OF ANY KIND, either express or implied.
# See the License for the specific language governing permissions and
# limitations under the License.

## @description  usage info
## @audience     private
## @stability    evolving
```

修改/etc/selinux/config 配置文件。命令如下：

```
[root@master sbin]# vi /etc/selinux/config
```

把 SELINUX=enforcing 更改为 SELINUX=disabled。原代码如下：

```
# This file controls the state of SELinux on the system.
# SELINUX= can take one of these three values:
#     enforcing - SELinux security policy is enforced.
#     permissive - SELinux prints warnings instead of enforcing.
#     disabled - No SELinux policy is loaded.
SELINUX=enforcing
# SELINUXTYPE= can take one of three two values:
#     targeted - Targeted processes are protected,
#     minimum - Modification of targeted policy. Only selected processes are protected.
#     mls - Multi Level Security protection.
SELINUXTYPE=targeted
```

修改后的代码如下：

```
# This file controls the state of SELinux on the system.
# SELINUX= can take one of these three values:
#     enforcing - SELinux security policy is enforced.
#     permissive - SELinux prints warnings instead of enforcing.
#     disabled - No SELinux policy is loaded.
```

```
SELINUX=disabled
# SELINUXTYPE= can take one of three two values:
#     targeted - Targeted processes are protected,
#     minimum - Modification of targeted policy. Only selected processes are protected.
#     mls - Multi Level Security protection.
SELINUXTYPE=targeted
```

启动 Hadoop。命令如下：

```
[root@master sbin]# start-all.sh
Starting namenodes on [master]
上一次登录：三 11 月 7 17:36:08 CST 2018pts/0 上
Starting datanodes
上一次登录：三 11 月 7 17:40:12 CST 2018pts/0 上
Starting secondary namenodes [node1]
上一次登录：三 11 月 7 17:40:14 CST 2018pts/0 上
Starting resourcemanager
上一次登录：三 11 月 7 17:40:18 CST 2018pts/0 上
Starting nodemanagers
上一次登录：三 1 月 7 17:40:23 CST 2018pts/0 上
[root@master sbin]#
```

3）Hadoop 启动成功

首次启动使用命令格式化命名节点。命令如下：

```
[root@master /]# hadoop namenode -format
```

Hadoop 启动成功后，可以使用 jps 命令在所有的服务器上进行查看，结果如下：

```
[root@master /]# jps
10084 NameNode
10484 ResourceManager
10805 Jps
[root@master /]#
```

```
[root@node1 /]# jps
11936 NodeManager
11858 SecondaryNameNode
12061 Jps
11743 DataNode
[root@node1 /]#
```

```
[root@node2 /]# jps
4355 DataNode
4470 NodeManager
4591 Jps
[root@node2 /]#
```

如果无法启动 NameNode 和 DataNode，则把所有节点的/opt/bigdata/hadoop-3.0.0/hdfs/name/目录里面的数据清空，然后重新输入如下命令：

```
hadoop namenode -format
```

```
start-all.sh
```

访问网页 http://192.168.56.3:50070，效果如图 3-7 所示。

图 3-7　Hadoop 平台的控制页面

任务 3　编写首个 MapReduce 程序

在任务 2 中已经部署了一个最基础的 Hadoop 集群，本次任务将使用 Python 语言编写一个 MapReduce 程序，用于统计单词的出现频率，即 WordCount。遵循 MapReduce 的思想，我们将编写两个程序文件，即 Mapper 和 Reducer。

Mapper 程序如下：

```
#!/usr/bin/env python
# -*- coding:UTF-8 -*-

import sys
for line in sys.stdin:
    line = line.strip()
    words = line.split()
    for word in words:
        print '%s\t%s' % (word, 1)
```

Reducer 程序如下：

```
#!/usr/bin/env python
# -*- coding:UTF-8 -*-

#from operator import itemgetter
import sys

current_word = None
current_count = 0
word = None
```

```
for line in sys.stdin:
    line = line.strip()

    word, count = line.split('\t', 1)

    try:
        count = int(count)
    except ValueError:
        continue

    if current_word  == word:
        current_count += count
    else:
        if current_word:
            print '%s\t%s' % (current_word, current_count)
        current_count = count
        current_word = word

if current_word == word:
    print '%s\t%s' % (current_word, current_count)
```

赋予 mapper.py 和 reducer.py 程序执行权限。命令如下：

```
[root@master bigdata]# chmod a+x mapper.py
[root@master bigdata]# chmod a+x reducer.py
```

测试程序是否能够正常运行。命令如下：

```
[root@master bigdata]# echo "hello world hello hi word" | python mapper.py |sort|
python reducer.py
hello 2
hi 1
word 1
world 1
```

任务 4　初次运行 MapReduce 程序

编写 MapReduce 流脚本 run.sh。命令如下：

```
hadoop jar /opt/bigdata/hadoop-3.0.0/share/hadoop/tools/lib/hadoop-*streaming*.
jar -mapper "python mapper.py" -reducer "python reducer.py" -input /hdfs_in/datas.txt
-output /hdfs_out -file /opt/bigdata//program/mapreduce/mapper.py -file /opt/bigdata/
program/mapreduce/reducer.py
```

制作 datas.txt。命令如下：

```
vi datas.txt
java
java
python
ruby
ruby
mongo
```

```
ruby
java
python
java
python
python
java
python
python
java
python
python
java
java
```

新建目录并上传 datas.txt 到大数据平台 HDFS 中。命令如下：

```
[root@master bigdata]# hdfs dfs -ls /
[root@master bigdata]# hdfs dfs -mkdir /hdfs_in
[root@master bigdata]# hdfs dfs -ls /
Found 2 items
drwxr-xr-x   - root supergroup          0 2018-12-15 10:53 /hdfs_in
[root@master bigdata]# hdfs dfs -put ./data/datas.txt /hdfs_in/
[root@master bigdata]# hdfs dfs -ls /hdfs_in
Found 1 items
-rw-r--r--   2 root supergroup        125 2018-12-15 14:38 /hdfs_in/datas.txt
```

运行 run.sh 程序。命令如下：

```
[root@master bigdata]# source run.sh
```

运行结果如下：

```
2018-12-15 14:57:51,313 INFO mapreduce.JobSubmitter: Submitting tokens for job: job_1544855566349_0001
2018-12-15 14:57:51,314 INFO mapreduce.JobSubmitter: Executing with tokens: []
2018-12-15 14:57:51,475 INFO conf.Configuration: resource-types.xml not found
2018-12-15 14:57:51,475 INFO resource.ResourceUtils: Unable to find 'resource-types.xml'.
2018-12-15 14:57:52,026 INFO impl.YarnClientImpl: Submitted application application_1544855566349_0001
2018-12-15 14:57:52,102 INFO mapreduce.Job: The url to track the job: http://master:8099/proxy/application_1544855566349_0001/
2018-12-15 14:57:52,103 INFO mapreduce.Job: Running job: job_1544855566349_0001
2018-12-15 14:58:01,305 INFO mapreduce.Job: Job job_1544855566349_0001 running in uber mode : false
2018-12-15 14:58:01,306 INFO mapreduce.Job:  map 0% reduce 0%
2018-12-15 14:58:11,543 INFO mapreduce.Job:  map 100% reduce 0%
2018-12-15 14:58:19,603 INFO mapreduce.Job:  map 100% reduce 100%
2018-12-15 14:58:20,620 INFO mapreduce.Job: Job job_1544855566349_0001 completed successfully
2018-12-15 14:58:20,745 INFO mapreduce.Job: Counters: 53
        File System Counters
```

```
        FILE: Number of bytes read=226
        FILE: Number of bytes written=631270
        FILE: Number of read operations=0
        FILE: Number of large read operations=0
        FILE: Number of write operations=0
        HDFS: Number of bytes read=364
        HDFS: Number of bytes written=26
        HDFS: Number of read operations=11
        HDFS: Number of large read operations=0
        HDFS: Number of write operations=2
    Job Counters
        Launched map tasks=2
        Launched reduce tasks=1
        Data-local map tasks=2
        Total time spent by all maps in occupied slots (ms)=29476
        Total time spent by all reduces in occupied slots (ms)=22792
        Total time spent by all map tasks (ms)=14738
        Total time spent by all reduce tasks (ms)=5698
        Total vcore-milliseconds taken by all map tasks=14738
        Total vcore-milliseconds taken by all reduce tasks=5698
        Total megabyte-milliseconds taken by all map tasks=60366848
        Total megabyte-milliseconds taken by all reduce tasks=46678016
    Map-Reduce Framework
        Map input records=30
        Map output records=25
        Map output bytes=170
        Map output materialized bytes=232
        Input split bytes=176
        Combine input records=0
        Combine output records=0
        Reduce input groups=4
        Reduce shuffle bytes=232
        Reduce input records=25
        Reduce output records=4
        Spilled Records=50
        Shuffled Maps =2
        Failed Shuffles=0
        Merged Map outputs=2
        GC time elapsed (ms)=467
        CPU time spent (ms)=1580
        Physical memory (bytes) snapshot=533774336
        Virtual memory (bytes) snapshot=19419336704
        Total committed heap usage (bytes)=269348864
        Peak Map Physical memory (bytes)=206512128
        Peak Map Virtual memory (bytes)=5322936320
        Peak Reduce Physical memory (bytes)=138608640
        Peak Reduce Virtual memory (bytes)=8773464064
    Shuffle Errors
        BAD_ID=0
```

```
            CONNECTION=0
            IO_ERROR=0
            WRONG_LENGTH=0
            WRONG_MAP=0
            WRONG_REDUCE=0
        File Input Format Counters
            Bytes Read=188
        File Output Format Counters
            Bytes Written=26
2018-12-15 14:58:20,745 INFO streaming.StreamJob: Output directory: /hdfs_out
[root@master bigdata]#
```

查看大数据平台获取结果，如图 3-8 所示。

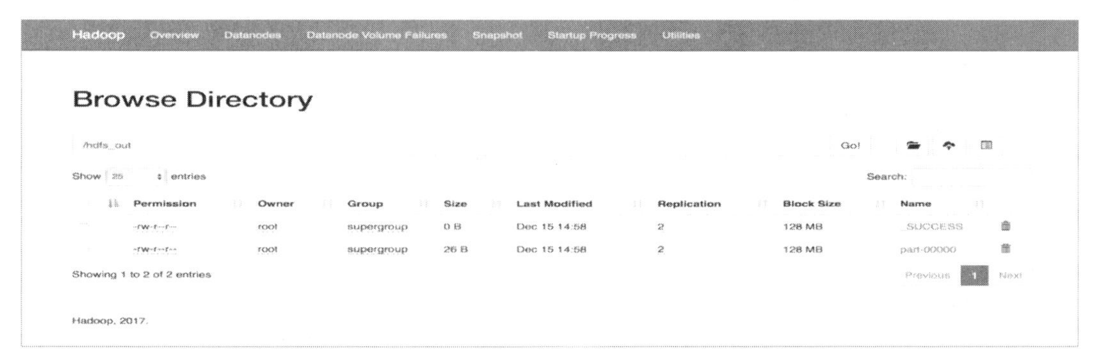

图 3-8 WordCount 运行结果信息页面

part-00000 文件即统计后的结果，如图 3-9 所示。

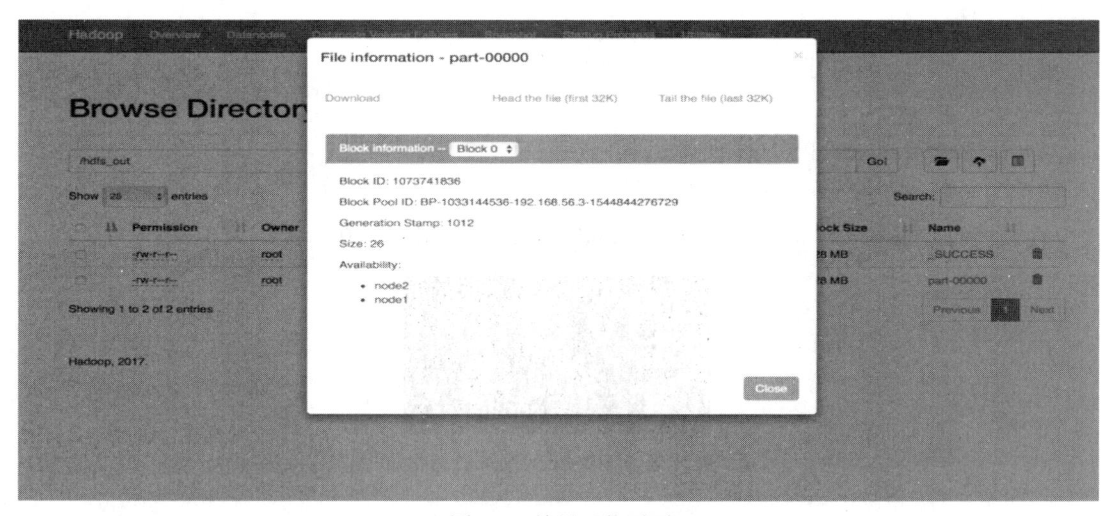

图 3-9 结果下载页面

扩展知识：数据的可视化

对前面得到的数据 part-00000 进行可视化展现，我们使用词云的可视化技术。

环境准备。命令如下：

```
[root@master program]# yum -y install epel-release
[root@master program]# yum -y install python-pip
```

```
[root@master program]# yum clean all
[root@master program]# pip install wordcloud
[root@master program]# pip install matplotlib
[root@master program]# yum install gcc
[root@master program]# yum install python-devel
```

在 program 目录下建立一个 visualization 目录，用于存放可视化词云的程序。编写 wordcloud_gen.py 程序。命令如下：

```
# -*-coding:UTF-8 -*-
# 导入相关的库
import matplotlib
matplotlib.use('Agg')
from os import path
import matplotlib.pyplot as plt
from wordcloud import WordCloud

# 获取当前文件路径
# __file__ 为当前文件，在 IDE 中运行此行会报错，可改为
# d = path.dirname('.')
d = path.dirname('.')

# 读取整个文件
text = open(path.join(d, '/opt/bigdata/part-00000.txt')).read()
wordcloud = WordCloud().generate(text)

# 绘图
plt.imshow(wordcloud)
plt.axis("off")
plt.show()
```

运行 wordcloud_gen.py 程序。命令如下：

```
[root@master visualization]# python wordcloud_gen.py
```

在当前目录下生成了词云图片 wordcloud_test.png，如图 3-10 所示。

图 3-10　词云结果图

课后练习

一、选择题

1．下列不属于 Hadoop 平台的部署模式的是（　　）。

A．单节点模式　B．多节点模式　C．伪分布式集群模式　　D．多节点集群模式

2．搭建 Hadoop 平台需要准备的安装环境不包括（　）。

A．CentOS 系统　B．JDK　C．Hadoop　D．Windows

3．在本章的 Hadoop 平台搭建并启动后，在 master 主机上启动的进程不包括（　）。

A．NameNode　B．DataNode　C．ResourceManager　D．Jps

4．在本章的 Hadoop 平台搭建并启动后，在 node1 主机上启动的进程不包括（　）。

A．NameNode　B．DataNode　C．NodeManager　D．Secondary NameNode

二、填空题

1. 在免密阶段生成的 4 个文件分别是＿＿＿＿＿＿、＿＿＿＿＿＿、＿＿＿＿＿＿、＿＿＿＿＿＿。

2．在配置 Hadoop 阶段，在/hadoop-3.0.0/etc/hadoop/目录下需要配置的 5 个核心配置文件分别是＿＿＿＿＿＿、＿＿＿＿＿＿、＿＿＿＿＿＿、＿＿＿＿＿＿、＿＿＿＿＿＿。

本章附录

Hadoop 配置文件常用配置选项

一、守护进程环境配置

hadoop-env.sh

NameNode	HADOOP_NAMENODE_OPTS
DataNode	HADOOP_DATANODE_OPTS
Secondary NameNode	HADOOP_SECONDARYNAMENODE_OPTS
ResourceManager	YARN_RESOURCEMANAGER_OPTS
NodeManager	YARN_NODEMANAGER_OPTS
WebAppProxy	YARN_PROXYSERVER_OPTS
Map Reduce Job History Server	HADOOP_JOB_HISTORYSERVER_OPTS

二、守护进程配置文件

1．core-site.xml 参数说明

core-site.xml 参数说明

参　数	值	说　明
fs.defaultFS	NameNode URI	hdfs://host:port/
io.file.buffer.size	131072	SequenceFiles 使用的读/写缓冲区的大小

2．hdfs-site.xml 参数说明

hdfs-site.xml 参数说明

参　数	值	说　明
dfs.namenode.name.dir	NameNode 存储 Namespace 和持久化日志存储的本地文件系统路径	如果是以逗号分隔的目录列表，那么数据将被复制到所有目录中，以实现冗余
dfs.hosts / dfs.hosts.exclude	permitted/excluded DataNodes 表	如有必要，使用这些文件来控制允许的 DataNode 列表

续表

参　数	值	说　明
dfs.blocksize	268435456	HDFS 块大小为 256MB
dfs.namenode.handler.count	100	处理来自 DataNode 的 RPC 请求的线程数量

3．mapred-site.xml 参数说明

（1）配置 MapReduce 应用程序。

MapReduce 应用程序在 mapred-site.xml 中的常用参数说明

参　数	值	说　明
mapreduce.framework.name	yarn	执行框架设置为 Hadoop YARN
mapreduce.map.memory.mb	1536	每个 Map 任务需要的最大内存
mapreduce.map.java.opts	-Xmx1024M	Map 子任务所占 JVM 的最大堆空间（heap-size）
mapreduce.reduce.memory.mb	3072	每个 Reduce 任务需要的最大内存
mapreduce.reduce.java.opts	-Xmx2560M	Reduces 子任务所占 JVM 的最大堆空间（heap-size）
mapreduce.task.io.sort.mb	512	当数据排序时，更高的内存限制
mapreduce.task.io.sort.factor	100	当文件排序时，一次合并更多的流
mapreduce.reduce.shuffle.parallelcopies	50	Reduce 在 Shuffle 阶段的线程个数

（2）配置 MapReduce JobHistory Server。

MapReduce JobHistory Server 配置在 mapred-site.xml 中的常用参数说明

参　数	值	说　明
mapreduce.jobhistory.address	MapReduce JobHistory Server 访问地址	默认端口 10020
mapreduce.jobhistory.webapp.address	MapReduce JobHistory Server Web UI 访问地址	默认端口 knnaauudnerom19888
mapreduce.jobhistory.intermediate-done-dir	/mr-history/tmp	MapReduce job 所写历史文件的路径
mapreduce.jobhistory.done-dir	/mr-history/done	MapReduce JobHistory Server 管理历史文件的目录

4．yarn-site.xml 参数说明

（1）配置 ResourceManager 和 NodeManager。

ResourceManager 和 NodeManager 配置在 yarn-site.xml 中的常用参数说明

参　数	值	说　明
yarn.acl.enable	true/false	是否启用 ACL。默认值为 false
yarn.admin.acl	Admin ACL	ACL 在集群上设置管理员。ACLs 适用于 comma-separated-usersspacecomma-separated-groups。默认值为*，代表任何人可以访问。指定为 space 值代表没有人可以访问
yarn.log-aggregation-enable	false	启用或禁用日志聚合的配置

（2）配置 ResourceManager。

ResourceManager 配置在 yarn-site.xml 中的常用参数说明

参　数	值	说　明
yarn.resourcemanager.address	ResourceManager host:port：客户端通过该地址向 ResourceManager 提交作业	如果设置 host:port，则会覆盖在 yarn.resource manager.hostname 中设置的 hostname
yarn.resourcemanager.scheduler.address	ResourceManager host:port ApplicationMasters 与 Scheduler 通信获取资源 ResourceManager 对 Application Master 暴露的访问地址	如果设置 host:port，则会覆盖在 yarn. resourcemanager.hostname 中设置的 hostname
yarn.resourcemanager.resource-tracker. address	ResourceManager 对 NodeManager 暴露的访问地址	如果设置 host:port，则会覆盖在 yarn. resourcemanager.hostname 中设置的 hostname
yarn.resourcemanager.admin.address	ResourceManager 对管理员暴露的访问地址	如果设置 host:port，则会覆盖在 yarn. resourcemanager.hostname 中设置的 hostname
yarn.resourcemanager.webapp.address	ResourceManager 对外的 Web UI 地址	如果设置 host:port，则会覆盖在 yarn. resourcemanager.hostname 中设置的 hostname
yarn.resourcemanager.hostname	ResourceManager host	hostname 设置，可以被上述替换
yarn.resourcemanager.scheduler.class	资源调度类	CapacityScheduler（推荐）、FairScheduler（推荐）或 FifoScheduler。使用完全限定的类名，如 org.apache.hadoop.yarn.server. resourcemanager.scheduler.fair.FairScheduler
yarn.scheduler.minimum-allocation-mb	在资源管理器上分配给每个容器请求的内存的最小限度	In MBs
yarn.scheduler.maximum-allocation-mb	在资源管理器上分配给每个容器请求的内存的最大限度	In MBs
yarn.resourcemanager.nodes.include-path / yarn.resourcemanager.nodes.exclude-path	NodeManagers permitted/excluded 列表	如果需要，则使用这些文件控制允许的 NodeManagers 列表

（3）配置 NodeManager。

NodeManager 配置在 yarn-site.xml 中的常用参数说明

参　数	值	说　明
yarn.nodemanager.resource.memory-mb	资源即可用的物理内存，以 MB 为单位，用于给定的 NodeManager	定义 NodeManager 上可用于运行容器的总可用资源
yarn.nodemanager.vmem-pmem-ratio	任务的虚拟内存使用量可能超过物理内存限制的最大比率	每个任务的虚拟内存使用量超过它的物理内存限制的比率。 NodeManager 的任务使用的虚拟内存总量超过物理内存使用的比率
yarn.nodemanager.local-dirs	中间数据被写入本地文件系统目录的列表（目录之间用逗号分隔）	多个路径有助于扩展磁盘 I/O

续表

参　数	值	说　明
yarn.nodemanager.log-dirs	日志被写入本地文件系统目录的列表（目录之间用逗号分隔）	多个路径有助于扩展磁盘 I/O
yarn.nodemanager.log.retain-seconds	10800	在 NodeManager 上保留日志文件的默认时间（以秒为单位）。 仅在禁用 log-aggregation 的情况下适用
yarn.nodemanager.remote-app-log-dir	/logs	当应用程序运行完成时，日志被转移到的 HDFS 目录。需要设置适当的权限。 仅在启用 log-aggregation 的情况下适用
yarn.nodemanager.remote-app-log-dir-suffix	logs	追加到远程日志目录。日志将会聚合到${yarn.nodemanager.remote-app-log-dir}/${user}/${thisParam}，仅在启用 log-aggregation 的情况下适用
yarn.nodemanager.aux-services	mapreduce_shuffle	Shuffle 服务需要设置 MapReduce 应用程序
yarn.nodemanager.env-whitelist	环境变量通过从 NodeManagers 的容器中继承的环境属性	对于 MapReduce 应用程序，除默认值 HADOOP_MAPRED_HOME 应该被添加外，属性值还有 JAVA_HOME、HADOOP_COMMON_HOME、HADOOP_HDFS_HOME、HADOOP_CONF_DIR、CLASSPATH_PREPEND_DISTCACHE、HADOOP_YARN_HOME、HADOOP_MAPRED_HOME

（4）配置 History Server（需要移动到其他地方）。

History Server 配置在 yarn-site.xml 中的常用参数说明

参　数	值	说　明
yarn.log-aggregation.retain-seconds	-1	配置多久后聚合日志文件被删除，配置成-1 表示禁用此功能。注意不要设置得太小
yarn.log-aggregation.retain-check-interval-seconds	-1	检查聚合日志保留时间。如果设置为 0 或负值，则该值为汇总日志保留时间的 1/10。注意不要配置得太小

第 4 章

设计爬虫获取数据源

重点提示

学习本章内容，请您带着如下问题：
（1）什么是网络爬虫？
（2）如何解析数据？
（3）如何进行数据爬取？
（4）什么是 Scrapy 框架？
（5）如何安装 Scrapy？
（6）怎样使用 Scrapy？

本章主要介绍网络爬虫的基本概念和工作原理，重点讲解爬虫框架 Scrapy 的组织结构及其工作过程，并通过实际案例演示 Scrapy 的使用过程。

任务 1　初探大数据

网络爬虫（又被称为网页蜘蛛、网络机器人。在 FOAF 社区中，经常被称为网页追逐者）是一种按照一定的规则，自动地爬取万维网信息的程序或脚本。另一些不常使用的名字还有蚂蚁、自动索引、模拟程序或蠕虫。

通俗地讲，网络爬虫就是能够自动访问互联网并将网站内容下载下来的程序或脚本，类似一个机器人，能把别人网站上的信息复制到自己的计算机上，再进行过滤、筛选、归纳、整理、排序等。

网络爬虫的英文即 Web Spider，是一个很形象的名字。把互联网比喻成一个蜘蛛网，那么 Spider 就是在网上爬来爬去的蜘蛛。网络爬虫是通过网页的链接地址来寻找网页的，从网站的某个页面（通常是首页）开始，读取网页的内容，找到在网页中的其他链接地址，然后通过这些链接地址寻找下一个网页，这样一直循环下去，直到把这个网站所有的网页抓取完为止。如果把整个互联网当成一个网站，那么网络爬虫就可以利用这个原理抓取互联网上所有的网页。

通过以上阐述，读者应该理解了什么是网络爬虫。接下来开始正式的学习吧。

1．编程语言

在这里使用的是 Python 语言，因为 Python 是一门非常容易上手的解释性语言，网络库非常多，使用起来非常方便。

2．爬虫平台

在本书中，选择 PyCharm 作为爬虫平台。

3. 前提知识

1）URL

URL（Universal Resource Locator，统一资源定位符）是对能从互联网上得到的资源的位置和访问方法的一种简洁的表示。URL 给资源的位置提供了一种抽象的识别方法，并用这种方法给资源定位，使得系统可以对资源（互联网上可以访问的任何对象，包括目录、文件、图像等，以及其他任何形式的数据）进行各种操作，如存储、更新、替换和查找其属性。

URL 的格式如下：

```
<URL 的访问形式>：//<主机>:<端口>/<路径>
```

其中，<URL 的访问形式>主要有文件传输协议（FTP）、超文本传输协议（HTTP）等，常见形式为 HTTP；<主机>一项是必需的，<端口>和<路径>有时候可以省略。

2）HTTP

HTTP（HyperText Transfer Protocol，超文本传输协议）是一个简单的请求—响应协议，通常运行在 TCP 之上，它指定了客户端可能发送给服务器的消息，以及得到的响应。

3）HTML

HTML（HyperText Markup Language，超文本标记语言）是一种制作万维网页面的标准语言，它消除了计算机信息交流的障碍。HTML 定义了许多用于排版的“标签”，各种标签嵌入万维网的页面就构成了 HTML 文档，爬虫所要爬取的页面基本上是 HTML 页面。

4）请求

请求是由客户端向服务器发出的。常用的两种请求是 GET 和 POST。GET 请求用来获取数据，POST 请求用来提交数据。

一个请求包含 3 个要素，分别是：

（1）请求的 URL。

（2）请求头（Request Header）。

（3）请求正文。

5）响应

响应（Response）是指服务器根据访问请求返回的数据内容。

一个响应包含如下 3 个要素。

（1）响应状态。

- 200：成功。
- 301：跳转。
- 404：找不到页面。
- 502：服务器错误。

（2）响应头：如内容类型、内容长度、服务器信息、设置 Cookie 等。

（3）响应体：最主要的部分，包含了请求资源的内容，如 HTML 页面、图片、二进制数据等。

4. 基本库

requests 是用 Python 语言实现的简单易用的 HTTP 库，使用起来比 urllib 简捷很多，所以在本书中只讲解 requests 库。

（1）安装 requests 库。因为 requests 是第三方库，所以在使用前需要安装。安装命令如下：

```
pip3 install requests
```

（2）requests 库的基本用法。其中的 requests.get()函数用于请求目标网站。命令如下：

```
import requests

response = requests.get('http://www.baidu.com')
print(response.status_code)          #打印状态码
print(response.url)                  #打印请求 URL
print(response.headers)              #打印头信息
print(response.cookies)              #打印 Cookie 信息
print(response.text)                 #以文本形式打印网页源码
print(response.content)              #以字节流形式打印
```

运行结果如图 4-1 所示。

```
200
http://www.baidu.com/
{'Cache-Control': 'private, no-cache, no-store, proxy-reva
-Encoding': 'gzip', 'Content-Type': 'text/html', 'Date': '
an 2017 13:28:24 GMT', 'Pragma': 'no-cache', 'Server': 'bf
ain=.baidu.com; path=/', 'Transfer-Encoding': 'chunked'}
<RequestsCookieJar[<Cookie BDORZ=27315 for .baidu.com/>]>
<!DOCTYPE html>
```

图 4-1　运行结果

（3）各种请求方式。命令如下：

```
import requests

requests.get('http://httpbin.org/get')
requests.post('http://httpbin.org/post')
requests.put('http://httpbin.org/put')
requests.delete('http://httpbin.org/delete')
requests.head('http://httpbin.org/get')
requests.options('http://httpbin.org/get')
```

5．解析库

解析库有 XPath、PyQuery、BeautifulSoup 等。XPath 的全称是 XML Path Language，即 XML 路径语言，它是一门在 XML 文档中查找信息的语言，可用来在 XML 文档中对元素和属性进行遍历。如果读者比较喜欢使用 CSS 选择器，那么推荐使用 PyQuery。BeautifulSoup 是一个强大的解析工具，它借助网页的结构和属性等特征来解析网页，提供一些简单的、Python 式的函数，用来实现导航、搜索、修改分析树等功能。下面讲解 BeautifulSoup 的一些基本用法。

（1）安装 BeautifulSoup。

```
pip3 install beautifulsoup
```

（2）导入 bs4 库。

```
from bs4 import BeautifulSoup
```

（3）创建一个字符串，后面的例子会用它来演示。

```
html = '''
<html>
```

```
<body>
    <h1 id="title">Hello World</h1>
    <a href="#link1" class="link">This is link1</a>
    <a href="#link2" class="link">This is link2</a>
</body>
</html>
'''
```

（4）创建 BeautifulSoup 对象。

```
soup = BeautifulSoup(html)
```

（5）用本地 HTML 文件来创建 BeautifulSoup 对象。例如：

```
soup = BeautifulSoup(open('index.html'))
```

（6）打印 soup 对象的内容，格式化输出。

```
print soup.prettify()
```

（7）从 HTML 文本中获取 soup 对象。

```
from bs4 import BeautifulSoup
#在这里指定解析器为 html.parser(Python 默认的解析器)，指定 HTML 文档编码为 UTF-8
soup = BeautifulSoup(html,'parser',from_encoding='utf-8')
print type(soup)
# 输出：<class 'bs4.BeautifulSoup'>
```

（8）soup.select()函数的用法。

① 获取指定标签的内容。

```
header = soup.select('h1')
print type(header)
print header
print header[0]
print type(header[0])
print header[0].text

# 输出：
'''
<type 'list'>
[<h1 id="title">Hello World</h1>]
<h1 id="title">Hello World</h1>
<class 'bs4.element.Tag'>
Hello World
'''
alinks = soup.select('a')
print [x.text for x in alinks]

# 输出：[u'This is link1',u'This is link2']
```

② 获取指定 ID 的标签的内容（用'#'）。

```
title = soup.select('#title')
print type(title)
```

```
print title[0].text

# 输出：
'''
<type 'list'>
Hello World
'''
```

③ 获取<a>标签的链接（href 属性值）。

```
print alinks[0]['href']
# 输出：#link1
```

④ 获取一个标签的所有子标签的 text。

```
body = soup.select('body')[0]
print body.text

# 输出：
'''


Hello World
This is link1
This is link2
'''
```

（9）soup.find()和 soup.find_all()函数的用法。

① find()和 find_all()函数的原型。

find()和 find_all()函数都可以根据多个条件从 HTML 文本中查找标签对象，只不过 find()的返回对象为 bs4.element.Tag，也就是查找到的第一个满足条件的 Tag；而 find_all()函数的返回对象为 bs4.element.ResultSet（实际上就是 Tag 列表）。在这里主要介绍 find()函数，find_all()函数与之类似。这两个函数的原型如下：

```
find(name=None,attrs={},recursive=True,text=None,**kwargs)
find_all(name=None,attrs={},recursive=True,limit=None,**kwargs)
```

其中，name、attrs、text 参数的值都支持正则匹配。

② find()函数的用法示例。

```
html = '<p><a href="www.test.com" class="mylink1 mylink2">this is my link</a>
</p>'
soup = BeautifulSoup(html,'html.parser')
a1 = soup.find('a')
print type(a1)
# 输出：<class 'bs4.element.Tag'>

print a1.name
print a1['href']
print a1['class']
print a1.text
# 输出：
'''
```

```
    a
    www.test.com
     [u'mylink1',u'mylink2']
    this is my link
    '''
```

```
    #多个条件的正则匹配
    import re
    a2 = soup.find(name = re.compile(r'\w+'),class_ = re.compile(r'mylink\d+'),text = re.compile(r'^this.+link$'))
    print a2

    # 输出:
    '''
    <a class="mylink1 mylink2" href="www.test.com">this is my link</a>
    '''

    # find()函数的链式调用
    a3 = soup.find('p').find('a')
    print a3

    # 输出:
    '''
    <a class="mylink1 mylink2" href="www.test.com">this is my link</a>
    '''
```

6. 数据格式

（1）网页文本：如 HTML 文档、JSON 格式的文件等。

（2）图片：获取到的是二进制文件，保存为图片格式。

（3）视频：同为二进制文件，保存为视频格式。

（4）其他。

7. 保存数据的方式

（1）文本：如纯文本、JSON、XML 等。

（2）关系型数据库：MySQL、Oracle、SQL Server 等具有结构化表结构形式存储的数据库。

（3）非关系型数据库：MongoDB、Redis 等 key-value 形式存储的数据库。

（4）二进制文件：如图片、视频、音频等，直接保存为特定格式即可。

任务 2　剖析大数据

首先，对想要获取数据的目标网页进行解析，明确所要获取的数据及目标网页的结构；其次，进行数据的爬取。

本节以爬取猫眼电影 Top 100 为例，教读者如何解析网页。

（1）打开如图 4-2 所示的页面。

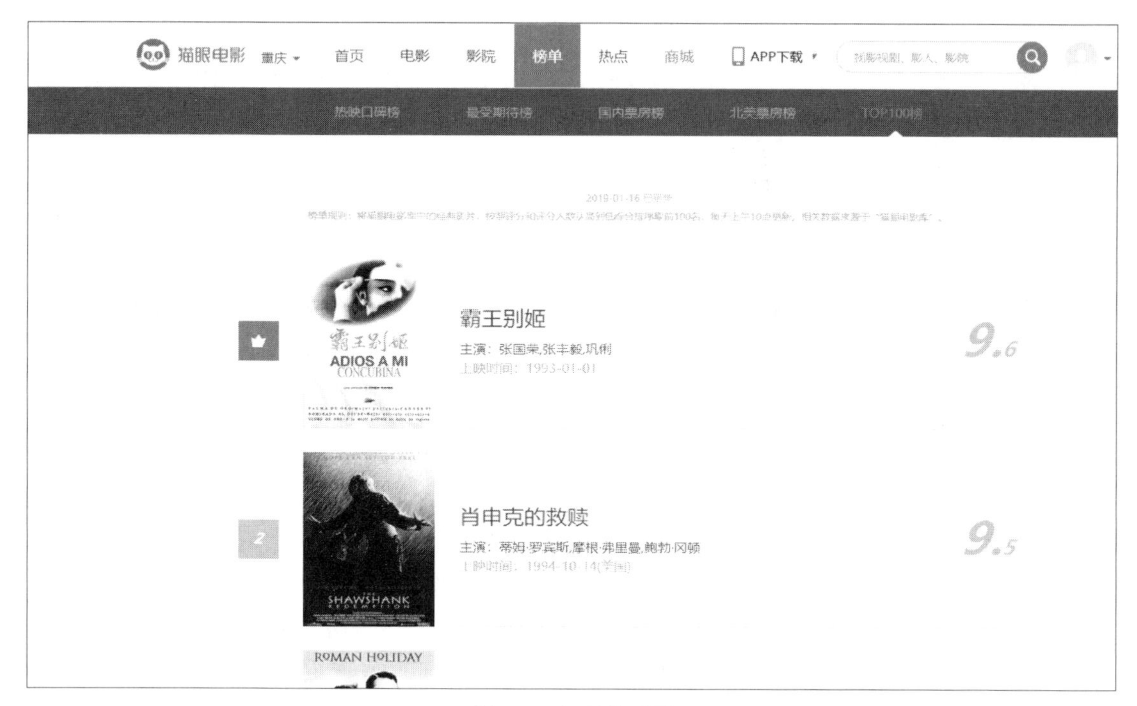

图 4-2　打开的页面

（2）选择审查元素，如图 4-3 所示，也就是网页源代码。爬虫爬取数据，首先要分析网页的结构，这就需要用到网页源代码。图 4-3 中用方框框起来的是一个选择器，单击它，然后在网页中选择想要查看的地方，就会跳出相对应的源代码。

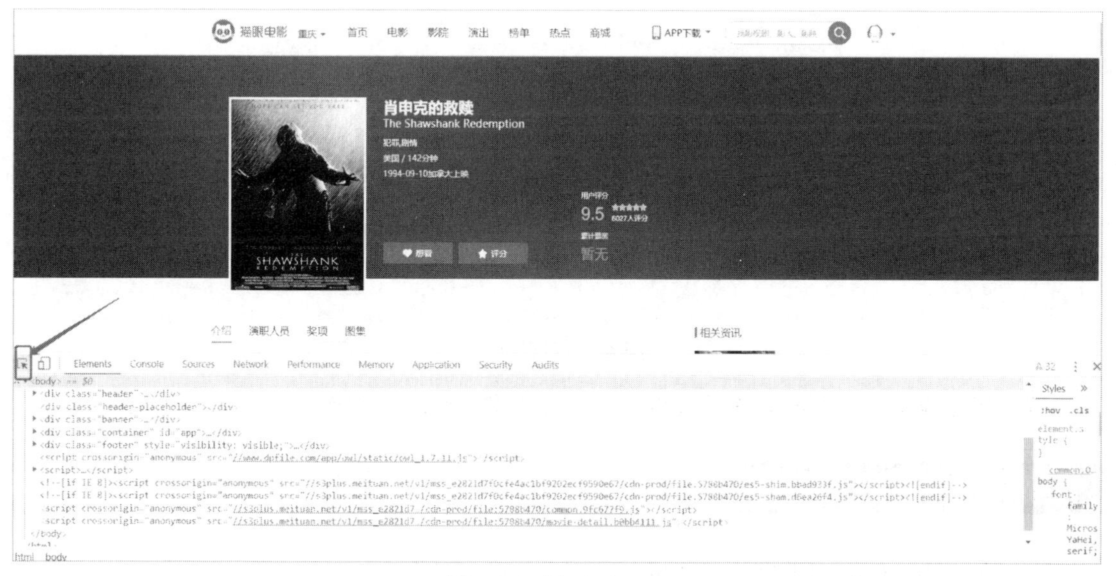

图 4-3　选择审查元素

（3）明确要爬取的元素，包括排名、封面图片、影片名、主演、上映时间、评分。

（4）每部电影的信息都存放在<dd></dd>标签当中，如图 4-4 所示。

图 4-4　网页源代码

（5）查看要爬取的元素所在的位置，如图 4-5 所示。

```
▼<dd>
    <i class="board-index board-index-1">1</i>
  ▼<a href="/films/1203" title="霸王别姬" class="image-link" data-act="boarditem-click" data-val="{movieId:1203}">
      <img src="//s0.meituan.net/bs/?f=myfe/mywww:/image/loading_2.e3d934bf.png" alt class="poster-default">
      <img alt="霸王别姬" class="board-img" src="https://p1.meituan.net/movie/20803f5….jpg@160w_220h_1e_1c">
    </a>
  ▼<div class="board-item-main">
    ▼<div class="board-item-content">
      ▼<div class="movie-item-info">
        ▼<p class="name">
            <a href="/films/1203" title="霸王别姬" data-act="boarditem-click" data-val="{movieId:1203}">霸王别姬</a>
          </p>
          <p class="star">
                  主演：张国荣,张丰毅,巩俐
              </p>
          <p class="releasetime">上映时间：1993-01-01</p>
        </div>
      ▼<div class="movie-item-number score-num"> == $0
        ▼<p class="score">
            <i class="integer">9.</i>
            <i class="fraction">6</i>
          </p>
        </div>
      </div>
    </div>
  </dd>
► <dd>…</dd>
► <dd>…</dd>
```

图 4-5　目标代码

这样便完成了对要爬取元素的分析，下面开始准备爬取的工作。

任务 3　爬取大数据

在任务 2 中已经对网页进行了解析，下面进行数据的爬取。

1．获取页面

代码如下：

```
import json
import requests
from requests.exceptions import RequestException #一般写 requests 会加一层异常处理
```

```
    import re
    #获取页面
    def get_one_page(url): #定义一个方法，用于请求单页内容
        try:
            user_agent = 'Mozilla/5.0 (Windows NT 10.0 ; Win64; x64) AppleWebKit/537.
36 (KHTML,like Gecko) Chrome/60.0.3112.
            headers = {"User-Agent":user_agent} #头文件设置，用于模拟浏览器
            response = requests.get(url,headers=headers)
           if response.status_code == 200: #通过状态码判断 response 的返回结果，200 表示成功
               return  response.text
            return None
        except RequestException:
            return None
```

2. 解析网页

代码如下：

```
    #解析网页
    def parse_one_page(html):
        pattern =
    re.compile('<dd>.*?board-index.*?>(\d+)</i>.*?src="(.*?)".*?name"><a'

    +'.*?>(.*?)</a>.*?star">(.*?)</p>.*?releasetime">(.*?)</p>'

    +'.*?integer">(.*?)</i>.*?fraction">(.*?)</i>.*?</dd>',re.s)
        items = re.findall(pattern,html) #调用 re 的 findall()方法
        for item in items: #对信息进行格式化，遍历一下，形成字典类型
            yield{   #利用 yield 把方法变为生成器，返回结果为字典形式
                '排名': item[0],
                '封面图片': item[1],
                '影片名': item[2],
                '主演': item[3].strip()[3:],  #strip()方法用于去掉换行符，[3:]为切片
                '上映时间': item[4].strip()[5:],
                '评分': item[5]+item[6]
            }
```

3. 将爬取的结果存入文件中

代码如下：

```
    #将爬取的结果存入文件中
    def write_to_file(content):
        with open('result.txt','a',encoding='utf-8') as f:
    f.write(json.dumps(content,ensure_ascii=False)+'\n')#json.dumps:把 content 字典形
#式转换为字符串形式
            f.close()
```

4. 调用方法

代码如下：

```
    #主要的调用方法
    def main(offset): #定义一个 main()方法来调用 get_one_page，把 offset 当成一个参数
        url = 'http://maoyan.com/board/4?offset='+str(offset)#把 offset 当成一个字符串传进来
```

```
        html = get_one_page(url)#返回结果用 html 来接收
        for item in parse_one_page(html): #返回每部电影的信息，变成一个生成器
            print(item)
            write_to_file(item) #调用 write_to_file()方法
```

5. 程序的入口

代码如下：

```
    #程序的入口
    if __name__ == '__main__':#加一个 if 判断并调用 main()方法
        for i in range(10):
            main(i*10)#构成 0～90 的循环，实现多页爬取
```

6. 完整代码

完整代码如下：

```
    import json
    import requests
    from requests.exceptions import RequestException #一般写 requests 会加一层异常处理
    import re
    #获取页面
    def get_one_page(url): #定义一个方法，用于请求单页内容
        try:
            user_agent = 'Mozilla/5.0 (Windows NT 10.0 ; Win64; x64) AppleWebKit/537.
36 (KHTML,like Gecko) Chrome/60.0.3112.'
            headers = {"User-Agent":user_agent} #头文件设置，用于模拟浏览器
            response = requests.get(url,headers=headers)
            if response.status_code == 200: #通过状态码判断 response 的返回结果，200 表示成功
                return  response.text
            return None
        except RequestException:
            return None
    #解析网页
    def parse_one_page(html):
        pattern =
    re.compile('<dd>.*?board-index.*?>(\d+)</i>.*?src="(.*?)".*?name"><a'

    +'.*?>(.*?)</a>.*?star">(.*?)</p>.*?releasetime">(.*?)</p>'

    +'.*?integer">(.*?)</i>.*?fraction">(.*?)</i>.*?</dd>',re.s)
        items = re.findall(pattern,html) #调用 re 的 findall()方法
        for item in items: #对信息进行格式化，遍历一下，形成字典类型
            yield{   #利用 yield 把方法变为生成器，返回结果为字典形式
                '排名': item[0],
                '封面图片': item[1],
                '影片名': item[2],
                '主演': item[3].strip()[3:],  #strip()方法用于去掉换行符，[3:]为切片
                '上映时间': item[4].strip()[5:],
                '评分': item[5]+item[6]
            }
```

```
    #将爬取的结果存入文件中
    def write_to_file(content):
        with open('result.txt','a',encoding='utf-8') as f:
            f.write(json.dumps(content,ensure_ascii=False)+'\n')#json.dumps:把 content 字典
#形式转换为字符串形式
            f.close()
    #主要的调用方法
    def main(offset):  #定义一个 main()方法来调用 get_one_page，把 offset 当成一个参数
        url = 'http://maoyan.com/board/4?offset=' + str(offset)  #把 offset 当成一个字符
#串传进来
        html = get_one_page(url)  #返回结果用 html 来接收
        for item in parse_one_page(html):  #返回每部电影的信息，变成一个生成器
            print(item)
            write_to_file(item)  #调用 write_to_file()方法
    #程序的入口
    if __name__ == '__main__': #加一个 if 判断并调用 main()方法
        for i in range(10):
            main(i*10) #构成 0～90 的循环，实现多页爬取
```

任务 4　活用 Scrapy 框架高效编制爬虫

在正式使用 Scrapy 爬取数据之前，先讲解一下什么是 Scrapy、Scrapy 的架构、Scrapy 的工作流程，以及 Scrapy 的安装。

1. 什么是 Scrapy

Scrapy 是一个为了爬取网站数据、提取结构性数据而编写的应用框架，只需少量代码，就能够快速地爬取到数据内容。

Scrapy 是一个基于 Twisted 的异步处理框架，是用纯 Python 实现的爬虫框架。它的功能非常强大，爬取效率高，相关扩展组件多，可配置和可扩展程度非常高，几乎可以应对所有的反爬网站，是目前 Python 中使用最广泛的爬虫框架。

2. Scrapy 的架构

Scrapy 的架构如图 4-6 所示。

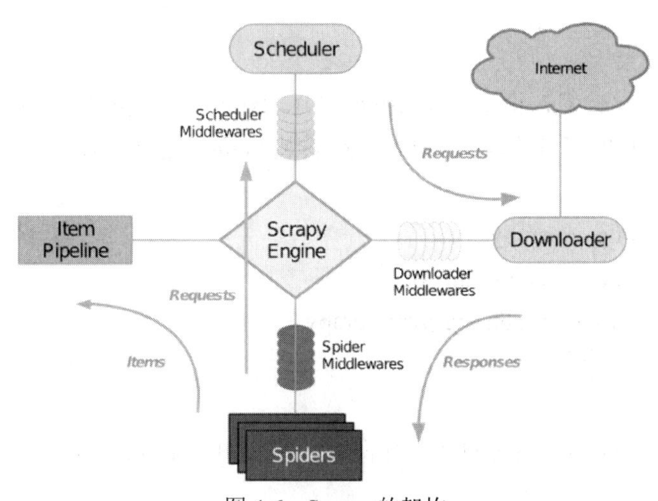

图 4-6　Scrapy 的架构

Scrapy 主要包括以下组件：

（1）引擎（Engine）。负责 Spider、Item Pipeline、Downloader、Scheduler 之间的通信，以及信号、数据的传递等，是 Scrapy 框架的核心。

（2）项目（Item）。定义了爬取结果的数据结构，爬取的数据会被赋值成该 Item 对象。

（3）调度器（Scheduler）。接收引擎发送过来的请求，将其压入队列中，并在引擎再次请求的时候返回。可以想象成一个 URL（爬取网页的网址或链接）的优先队列，由它来决定下一个要爬取的网址是什么，同时去除重复的网址。

（4）下载器（Downloader）。下载网页内容，并将网页内容返回给蜘蛛（Scrapy 下载器是建立在 Twisted 这个高效的异步模型上的）。

（5）爬虫（Spiders）。根据实际需求定义数据爬取逻辑和数据解析规则，并将解析后的结果 Requests 和 Items 分别发送给 Scheduler 和 Item Pipeline 做进一步处理。

（6）项目管道（Item Pipeline）。负责处理爬虫从网页中抽取的实体，主要功能是持久化实体、验证实体的有效性、清除不需要的信息。当页面被爬虫解析后，将被发送到项目管道，并经过几个特定的次序处理数据。

（7）下载器中间件（Downloader Middlewares）。介于 Scrapy 引擎和下载器之间的框架，主要负责处理 Scrapy 引擎与下载器之间的请求及响应。

（8）爬虫中间件（Spider Middlewares）。介于 Scrapy 引擎和爬虫之间的框架，主要负责处理爬虫的响应输入和请求输出。

3．Scrapy 的工作流程

（1）Spider 将需要发送请求的 URL（Requests）经 Scrapy Engine 交给 Scheduler。

（2）Scheduler（排序，入队）处理后，经 Scrapy Engine、Downloader Middlewares（可选，主要有 User_Agent、Proxy 代理）交给 Downloader。

（3）Downloader 向互联网发送请求，并接收下载响应（Responses）。将 Responses 经 Scrapy Engine、Spider Middlewares（可选）交给 Spiders。

（4）Spiders 处理 Responses，提取数据并将数据经 Scrapy Engine 交给 Item Pipeline 保存（可以是本地，也可以是数据库）。

（5）提取 URL，重新经 Scrapy Engine 交给 Scheduler 进入下一轮循环，直到无 URL 请求，程序结束。

4．Scrapy 的安装

Scrapy 依赖的库比较多，至少有 Twisted 14.0、lxml 3.4 和 pyOpenSSL 0.14。在不同的平台环境下，Scrapy 依赖的库各不相同。所以，在安装 Scrapy 之前，需要先安装好一些基本库。

1）相关链接

（1）官方网站：https://scrapy.org。

（2）官方文档：https://doce.scrapy.org。

（3）PyPI：https://pypi.python.org/pypi/Scrapy。

2）Windows 系统下的安装

（1）安装 lxml。

使用 cmd 打开 Windows 系统的命令行窗口，输入如下命令：

```
pip3 install lxml
```

（2）安装 pyOpenSSL。

在官方网站上下载 wheel 文件（详见 http://pypi.python.org/pypi/pyOpenSSL#downloads），利用 pip 安装即可。命令如下：

```
pip3 install pyOpenSSL-17.2.0-py2.py3-none-any.whl
```

（3）安装 Twisted。

在 http://www.lfd.uci.edu/~gohlke/pythonlibs/#twised 网站上下载文件，利用 pip 安装即可。命令如下：

```
pip3 install Twisted-17.5.0-cp36-cp36m-win_amd64.whl
```

（4）安装 PyWin32。

在官方网站上下载对应版本的安装包即可。链接为 https://sourceforge.net/projects/pywin32/files/pywin32/Build%20221/，选择下载 pywin32-221.win-amd64-py3.6.exe 文件。下载完毕后，双击该文件即可。

（5）安装 Scrapy。

安装好依赖库后，直接利用 pip 安装 Scrapy。命令如下：

```
pip3 install Scrapy
```

任务 5　运用 Scrapy

本次任务以 Scrapy 官方提供的网站 http://quotes.toscrape.com 为例，来讲解 Scrapy 的使用。打开网站，如图 4-7 所示。

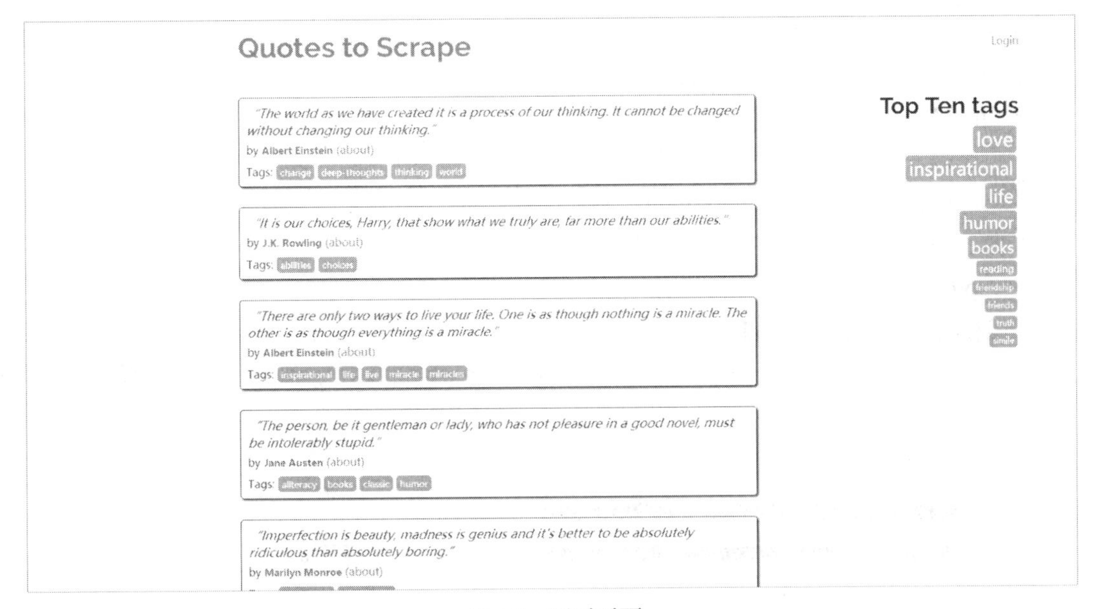

图 4-7　网页页面

这个网站的内容主要是一些名人名言，虽然看似简陋，但是包含了文本、标签、超链接等大多数网站都具备的格式，所以这个网站用来入门 Scrapy 是不二选择。

1．创建项目

在开始爬取网站之前，必须创建一个新的 Scrapy 项目，项目文件可以直接用 scrapy 命令生成。命令如下：

```
scrapy startproject quotes
```

在 Terminal 窗口下执行上述命令，如图 4-8 所示（注：黑色标记遮住的地方是笔者自己的路径）。

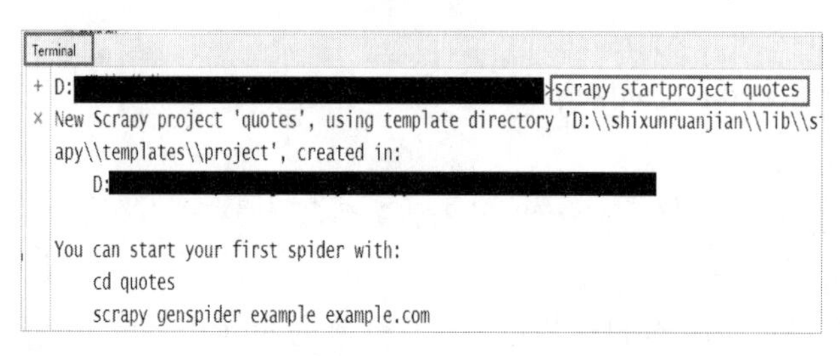

图 4-8　创建 Scrapy 项目

这个命令可以在任意文件夹下执行。如果提示权限问题，则可以加 sudo 执行该命令。这个命令将会创建一个名为 quotes 的文件夹。quotes 文件夹结构如图 4-9 所示。

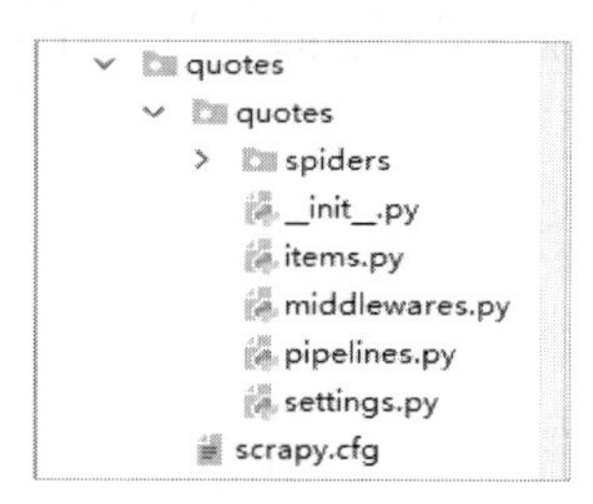

图 4-9　quotes 文件夹结构

quotes 文件夹下的文件如下。

（1）scrapy.cfg：项目的配置文件。

（2）middlewares.py：项目中的 Middlewares 文件。

（3）items.py：项目中的 Item 文件。

（4）pipelines.py：项目中的 Pipeline 文件。

（5）settings.py：项目中的设置文件。

（6）spiders：放置 Spider 代码的目录。

2. 创建第一个 Scrapy 蜘蛛文件

前面已经成功地创建了一个 Scrapy 项目，现在就来创建一个 Scrapy 蜘蛛文件，如图 4-10 所示。

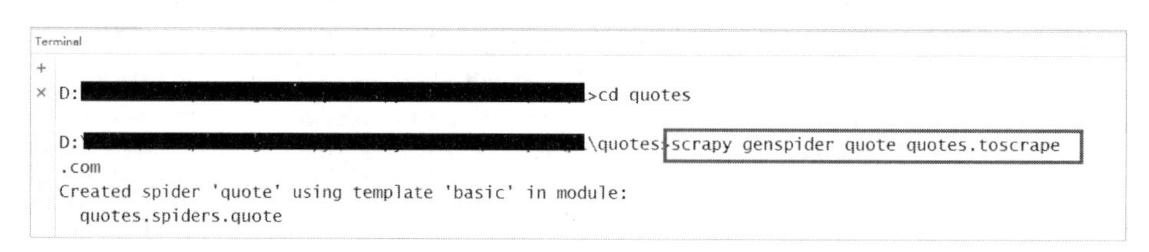

图 4-10　创建 Scrapy 蜘蛛文件

进入刚才创建的 quotes 文件夹，然后执行 genspider 命令，其中，第一个参数是 Spider 的名称，第二个参数是网站域名。执行完毕后，在 spiders 文件夹中多了一个 quote.py 文件，它就是刚刚创建的 Scrapy 蜘蛛文件，如图 4-11 所示。

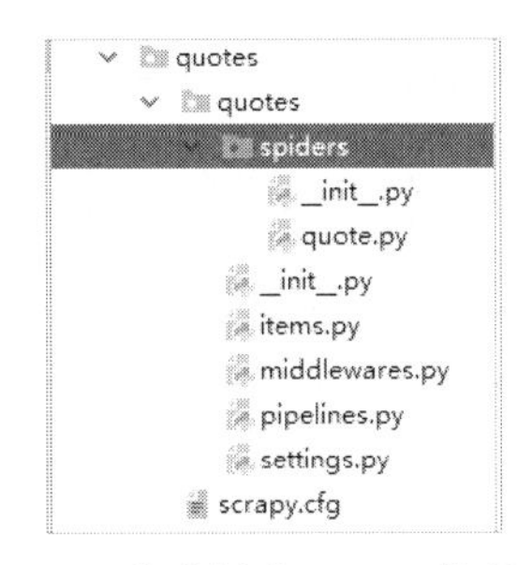

图 4-11　成功创建 Scrapy 蜘蛛文件

3. 了解 Spider

前面创建了一个 quote.py 文件，现在就打开它来看一看。

Spider 是用户编写的用于从单个网站（或者一些网站）中爬取数据的类。为了创建一个 Spider，必须继承 scrapy.Spider 类，并且定义以下三个属性和一个方法。

```
# -*- coding: utf-8 -*-
import scrapy

class QuoteSpider(scrapy.Spider):
    name = 'quote'
    allowed_domains = ['quotes.toscrape.com']
    start_urls = ['http://quotes.toscrape.com/']
    def parse(self,response):
        pass
```

（1）name：用于区别 Spider。该名字必须是唯一的，不能为不同的 Spider 设定相同的名字。

（2）allowed_domains：允许爬取的域名。如果初始或后续的请求链接不是这个域名下的，则请求链接会被过滤掉。

（3）start_urls：包含了 Spider 在启动时爬取的 URL 列表。初始请求是由它来定义的。

（4）parse()：当调用该方法时，每个初始 URL 完成下载后生成的 Response 对象将会作为唯一的参数传递给该方法。该方法负责解析返回的数据（Response Data），提取数据（生成 Item），以及生成需要进一步处理的 URL 的 Request 对象。

4. 进行初步测试

初步测试一下框架。在 quote.py 文件中，先爬取网页的状态码和网页源码。命令如下：

```
import scrapy

class QuoteSpider(scrapy.Spider):
    name = 'quote'
    allowed_domains = ['quotes.toscrape.com']
    start_urls = ['http://quotes.toscrape.com/']

    def parse(self, response):
        print(response.status)
        print(response.text)
```

运行命令如下：

```
scrapy crawl quotes
```

运行结果如图 4-12 所示。可以看到，输出是正常的。

```
2019-01-18 17:17:24 [scrapy.core.engine] INFO: Spider opened
2019-01-18 17:17:24 [scrapy.extensions.logstats] INFO: Crawled 0 pages (at 0 pages/min), scrape
 items (at 0 items/min)
2019-01-18 17:17:24 [scrapy.extensions.telnet] DEBUG: Telnet console listening on 127.0.0.1:602
2019-01-18 17:17:25 [scrapy.core.engine] DEBUG: Crawled (404) <GET http://quotes.toscrape.com/r
ts.txt> (referer: None)
2019-01-18 17:17:26 [scrapy.core.engine] DEBUG: Crawled (200) <GET http://quotes.toscrape.com/>
eferer: None)
200
<!DOCTYPE html>
<html lang="en">
<head>
        <meta charset="UTF-8">
        <title>Quotes to Scrape</title>
    <link rel="stylesheet" href="/static/bootstrap.min.css">
    <link rel="stylesheet" href="/static/main.css">
</head>
<body>
```

图 4-12　运行结果

5．编写 Item

上面成功完成了框架的测试，接下来开始正式爬取。

Item 是保存爬取到的数据的容器，其使用方法和 Python 字典的使用方法类似，并且提供了额外保护机制来避免拼写错误导致的未定义字段错误。类似在 ORM（Object Relational Mapping，对象关系映射）中的做法，可以通过创建一个 scrapy.Item 类，并且定义类型为 scrapy.Field 的类属性来定义一个 Item。

根据需要从网页中获取的数据对 Item 进行建模。需要从网页中获取名人名言、作者和标签。对此，在 Item 中定义相应的字段。编辑 quotes 目录中的 items.py 文件。代码如下：

```
import scrapy

class QuotesItem(scrapy.Item):
    text = scrapy.Field()
    author = scrapy.Field()
    tags = scrapy.Field()
```

虽然看起来有点复杂，但是通过定义 Item，可以很方便地使用 Scrapy 的其他方法。而使用这些方法需要知道 Item 的定义。

6．提取 Item

从网页中提取数据可以使用 CSS 选择器或 XPath 选择器。下面就来讲解一下这两种选择器的一些基本语法知识。

（1）CSS 选择器的基本语法如表 4-1 所示。

表 4-1　CSS 选择器的基本语法

语　法	说　明
*	选取所有节点
#container	选取 id 为 container 的节点
.container	选取所有 calss 包含 container 的节点
div,p	选取所有 div 元素和所有 p 元素
li a	选取所有 li 元素下的所有 a 元素
ul+p	选取 ul 后面的第一个 p 元素
div#container>ul	选取 id 为 container 的 div 的第一个 ul 子元素

续表

语　法	说　明
ul~p	选取与 ul 相邻的所有 p 元素
a[title]	选取所有具有 title 属性的 a 元素
a[href="http://baidu.com"]	选取所有 href 属性值为 http://baidu.com 的 a 元素
a[href*="baidu"]	选取所有 href 属性值中包含 baidu 的 a 元素
a[href^="http"]	选取所有 href 属性值中以 http 开头的 a 元素
a[href$="jpg"]	选取所有 href 属性值中以 jpg 结尾的 a 元素
input[type=radio]:checked	选中 radio 元素（复选框元素）
div.not(#container)	选取所有 id 为非 container 的 div 属性
li:nth-child(3)	选取第三个 li 元素
li:nth-child(2n)	选取第偶数个 li 元素
a::atlr(href)	选取 a 标签的 href 属性
a::text	选取 a 标签下的文本

（2）XPath 选择器的基本语法。

常用的路径表达式如表 4-2 所示。

表 4-2　XPath 常用的路径表达式

表 达 式	描　述	实　例
nodename	选取 nodename 节点的所有子节点	//div
/	从根节点选取	/div
//	选取所有的节点，不考虑它们的位置	//div
.	选取当前节点	./div
..	选取当前节点的父节点	..
@	选取属性	//@class

以 artical 标签及其从属的子标签为例，对爬虫可以依据的网页标签结构进行爬取，如表 4-3 所示。

表 4-3　artical 标签及其子标签的使用

语　法	说　明
artical	选取所有 artical 元素的子节点
/artical	选取根元素下的 artical
./artical	选取当前元素下的 artical
../artical	选取父元素下的 artical
artical/a	选取所有属于 artical 的子元素 a
//div	选取所有 div 元素，无论 div 在任何地方
artical//div	选取所有属于 artical 的 div 元素，无论 div 元素在 artical 的任何位置
//@class	选取所有名为 class 的属性
a/@href	选取 a 标签的 href 属性
a/text()	选取 a 标签下的文本
string(.)	解析出当前节点下所有的文字
string(..)	解析出父节点下所有的文字

谓语：谓语被嵌在方括号内，用来查找某个特定的节点或包含某个指定的值的节点，如表 4-4 所示。

表 4-4　XPath 谓语

语　法	说　明
/artical/div[1]	选取所有属于 artical 子元素的第一个 div 元素
/artical/div[last()]	选取所有属于 artical 子元素的最后一个 div 元素
/artical/div[last()-1]	选取所有属于 artical 子元素的倒数第二个 div 元素
/artical/div[position()<3]	选取所有属于 artical 子元素的前两个 div 元素
//div[@class]	选取所有属性为指定的 class 的 div 节点
//div[@class="main"]	选取所有 div 下 class 属性值为 main 的 div 节点
//div[price>3.5]	选取所有 div 下元素值 price 大于 3.5 的节点

通配符：XPath 通过通配符来选取未知的 XML 元素，如表 4-5 所示。

表 4-5　XPath 通配符

表 达 式	结　果
//*	选取所有元素
//div/*	选取所有属于 div 元素的子节点
//div[@*]	选取所有带属性的元素

功能函数如表 4-6 所示。

表 4-6　XPath 功能函数

函　数	用　法	解　释
starts-with	//div[starts-with(@id,"ma")]	选取 id 值以 ma 开头的 div 节点
contains	//div[contains(@id,"ma")]	选取 id 值包含 ma 的 div 节点
and	//div[contains(@id,"ma") and contains(@id,"in")]	选取 id 值包含 ma 和 in 的 div 节点
text()	//div[contains(text(),"ma")]	选取节点文本包含 ma 的 div 节点

7．完成 Item 的提取

在完成 Iten 的提取之前，先查看一下网页中要爬取的目标数据的源代码，如图 4-13 所示。

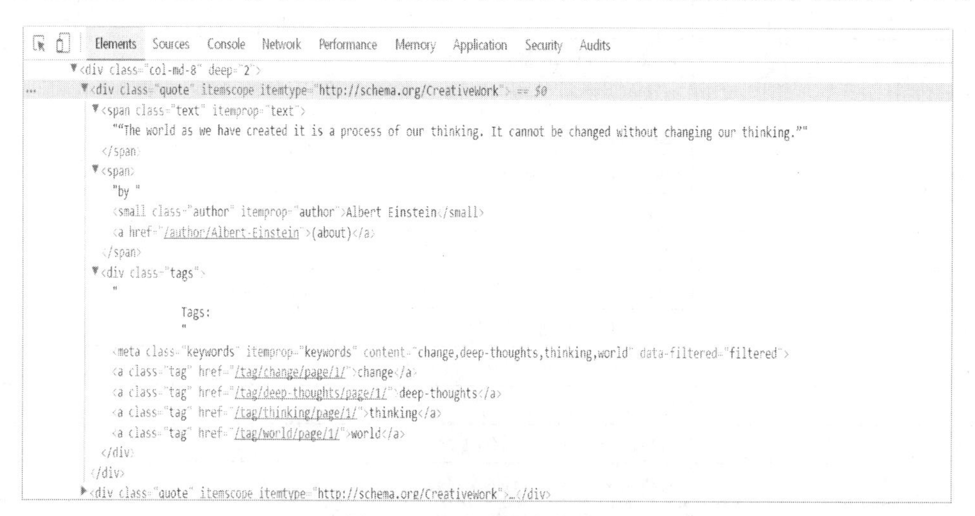

图 4-13　目标数据的源代码

在本次任务中使用 CSS 选择器进行选择。对 parse()方法进行改写，代码如下：

```
def parse(self,response):
    item = QuotesItem()
    quotes = response.css('.quote')
    for quotes in quotes:
        text = quotes.css('.text::text').extract_first()
        author = quotes.css('.author::text').extract_first()
        tags = quotes.css('.tags .tag::text').extract()
        item['text'] = text
        item['author'] = author
        item['tags'] = tags
```

首先利用选择器选取所有的 quote，并将其赋值给 quotes 变量；然后利用 for 循环对每个 quote 进行遍历，解析每个 quote 的内容。

通过源代码可以看出，text 的 class 为 text，可以用.text 选择器来选取。要获取它的正文内容，需要加::text 来获取。这时的结果是长度为 1 的列表。extract()方法用于返回结果的整个标签元素内容，所以还需要用 extract_first()方法来获取第一个元素。

author 与 text 的用法相同。

对于 tags 来说，要获取的是所有的标签，所以需要使用 etract()方法来获取整个列表。

8．使用 Item

上面定义了 Item，接下来就要使用它。Item 可以理解为一个字典，不过，在声明的时候需要实例化。依次用刚才解析的结果赋值 Item 的每个字段，最后将 Item 返回即可。在 quote.py 文件中改写代码。代码如下：

```
# -*- coding: utf-8 -*-
import scrapy
from quotes.item import QuotesItem

class QuoteSpider(scrapy.Spider):
    name = 'quote'
    allowed_domains = ['quotes.toscrape.com']
    start_urls = ['http://quotes.toscrape.com/']

    def parse(self, response):
        item = QuotesItem()

        quotes = response.css('.quote')
        for quotes in quotes:
            text = quotes.css('.text::text').extract_first()
            author = quotes.css('.author::text').extract_first()
            tags = quotes.css('.tags .tag::text').extract()

            item['text'] = text
            item['author'] = author
            item['tags'] = tags

            yield item
```

运行结果如图 4-14 所示。

```
2019-01-18 18:39:49 [scrapy.core.scraper] DEBUG: Scraped from <200 http://quotes.toscrape.com/>
{'author': 'Albert Einstein',
 'tags': ['change', 'deep-thoughts', 'thinking', 'world'],
 'text': '"The world as we have created it is a process of our thinking. It '
         'cannot be changed without changing our thinking."'}
2019-01-18 18:39:49 [scrapy.core.scraper] DEBUG: Scraped from <200 http://quotes.toscrape.com/>
{'author': 'J.K. Rowling',
 'tags': ['abilities', 'choices'],
 'text': '"It is our choices, Harry, that show what we truly are, far more '
         'than our abilities."'}
2019-01-18 18:39:49 [scrapy.core.scraper] DEBUG: Scraped from <200 http://quotes.toscrape.com/>
{'author': 'Albert Einstein',
 'tags': ['inspirational', 'life', 'live', 'miracle', 'miracles'],
 'text': '"There are only two ways to live your life. One is as though nothing '
         'is a miracle. The other is as though everything is a miracle."'}
2019-01-18 18:39:49 [scrapy.core.scraper] DEBUG: Scraped from <200 http://quotes.toscrape.com/>
{'author': 'Jane Austen',
 'tags': ['aliteracy', 'books', 'classic', 'humor'],
 'text': '"The person, be it gentleman or lady, who has not pleasure in a good '
```

图 4-14　运行结果

图 4-14 所示是爬取的第一页的内容，接下来要爬取所有页的内容。想要爬取下一页的内容也非常简单，只要在本页中找到下一页的超链接，生成下一页的超链接后不断重复这个过程，直到最后一页停止爬取。

爬取所有页的完整代码如下：

```
import scrapy
from quotes.item import QuotesItem

class QuoteSpider(scrapy.Spider):
    name = 'quote'
    allowed_domains = ['quotes.toscrape.com']
    start_urls = ['http://quotes.toscrape.com/']

    def parse(self, response):
        item = QuotesItem()

        quotes = response.css('.quote')
        for quotes in quotes:
            text = quotes.css('.text::text').extract_first()
            author = quotes.css('.author::text').extract_first()
            tags = quotes.css('.tags .tag::text').extract()

            item['text'] = text
            item['author'] = author
            item['tags'] = tags

            yield item
        next = response.css('.pager .next a::attr(href)').extract_first()
        url = response.urljoin(next)
        yield scrapy.Requests(url=url,callback=self.parse)
```

解释一下新增的 3 行代码。新增的第一行代码用来找到下一页的超链接；新增的第二行代码用来生成一个绝对的 URL；新增的第三行代码使用 Requests()方法，传入新生成的 URL，使用回调来递归调用 parse()函数解析新生成的 URL，运行以后就能采集所有页中的名人名言了。

9．保存爬取到的数据

上面完成了数据的爬取工作，下面将爬取到的数据存储起来。

要想存储爬取到的数据，最简单的方式是使用如下命令：

```
scrapy crawl quote -o quotes.json
```

该命令将采用 JSON 格式对爬取到的数据进行序列化，生成 quotes.json 文件，如图 4-15 所示。

图 4-15　生成 quotes.json 文件

保存结果如图 4-16 所示。


```
quotes.json
[
{"text": "\u201cThe world as we have created it is a process of our thinking. It cannot be changed without changing our thinking.\u201d", "author
{"text": "\u201cIt is our choices, Harry, that show what we truly are, far more than our abilities.\u201d", "author": "J.K. Rowling", "tags": ["a
{"text": "\u201cThere are only two ways to live your life. One is as though nothing is a miracle. The other is as though everything is a miracle.
{"text": "\u201cThe person, be it gentleman or lady, who has not pleasure in a good novel, must be intolerably stupid.\u201d", "author": "Jane Au
{"text": "\u201cImperfection is beauty, madness is genius and it's better to be absolutely ridiculous than absolutely boring.\u201d", "author": "
{"text": "\u201cTry not to become a man of success. Rather become a man of value.\u201d", "author": "Albert Einstein", "tags": ["adulthood", "suc
{"text": "\u201cIt is better to be hated for what you are than to be loved for what you are not.\u201d", "author": "Andr\u00e9 Gide", "tags": ["l
{"text": "\u201cI have not failed. I've just found 10,000 ways that won't work.\u201d", "author": "Thomas A. Edison", "tags": ["edison", "failure
{"text": "\u201cA woman is like a tea bag; you never know how strong it is until it's in hot water.\u201d", "author": "Eleanor Roosevelt", "tags"
{"text": "\u201cA day without sunshine is like, you know, night.\u201d", "author": "Steve Martin", "tags": ["humor", "obvious", "simile"]},
{"text": "\u201cThis life is what you make it. No matter what, you're going to mess up sometimes, it's a universal truth. But the good part is you
{"text": "\u201cIt takes a great deal of bravery to stand up to our enemies, but just as much to stand up to our friends.\u201d", "author": "J.K.
{"text": "\u201cIf you can't explain it to a six year old, you don't understand it yourself.\u201d", "author": "Albert Einstein", "tags": ["simpl
{"text": "\u201cYou may not be her first, her last, or her only. She loved before she may love again. But if she loves you now, what else matters
{"text": "\u201cI like nonsense, it wakes up the brain cells. Fantasy is a necessary ingredient in living.\u201d", "author": "Dr. Seuss", "tags":
{"text": "\u201cI may not have gone where I intended to go, but I think I have ended up where I needed to be.\u201d", "author": "Douglas Adams", "
{"text": "\u201cThe opposite of love is not hate, it's indifference. The opposite of art is not ugliness, it's indifference. The opposite of faith
{"text": "\u201cIt is not a lack of love, but a lack of friendship that makes unhappy marriages.\u201d", "author": "Friedrich Nietzsche", "tags":
{"text": "\u201cGood friends, good books, and a sleepy conscience: this is the ideal life.\u201d", "author": "Mark Twain", "tags": ["books", "cont
{"text": "\u201cLife is what happens to us while we are making other plans.\u201d", "author": "Allen Saunders", "tags": ["fate", "life", "misattri
{"text": "\u201cI love you without knowing how, or when, or from where. I love you simply, without problems or pride: I love you in this way becau
{"text": "\u201cFor every minute you are angry you lose sixty seconds of happiness.\u201d", "author": "Ralph Waldo Emerson", "tags": ["happiness"]
{"text": "\u201cIf you judge people, you have no time to love them.\u201d", "author": "Mother Teresa", "tags": ["attributed-no-source"]},
{"text": "\u201cAnyone who thinks sitting in church can make you a Christian must also think that sitting in a garage can make you a car.\u201d",
{"text": "\u201cBeauty is in the eye of the beholder and it may be necessary from time to time to give a stupid or misinformed beholder a black ey
{"text": "\u201cToday you are You, that is truer than true. There is no one alive who is Youer than You.\u201d", "author": "Dr. Seuss", "tags": ["
{"text": "\u201cIf you want your children to be intelligent, read them fairy tales. If you want them to be more intelligent, read them more fairy
```


图 4-16　保存结果

课后练习

一、选择题

1．Scrapy 是为了爬取网站数据、提取结构性数据而编写的应用框架，它几乎可以应对所有的反爬网站。它是靠下面哪一项实现的爬虫框架？（　　）

A．Python

B．Java

C．C++

D．C 语言

2．下面哪一项不是 Scrapy 的组件？（　　）

A．Spider

B．Scheduler

C．Downloader

D．HDFS

3．下面哪一项负责组件之间的通信，以及信号、数据的传递等，同时也是Scrapy框架的核心？（　　）

A．Item Pipeline

B．Downloader

C．Engine

D．Spider

4．保存数据的方式有（　　）。

A．文本

B．关系型数据库

C．非关系型数据库

D．以上全对

5．用来提交数据的请求是（　　）。

A．POST

B．GET

C．PUT

D．HEAD

二、判断题

1．爬虫不能用二进制的方式来保存数据。（　　）

2．数据解析分为两步：首先，对想要获取数据的目标网页进行解析，明确所要获取的数据及目标网页的结构；其次，进行数据的爬取。（　　）

3．在不同的平台环境下，Scrapy所依赖的库也各不相同。在安装Scrapy之前，需要先安装好一些基本库。（　　）

4．Item是保存爬取到的数据的容器，其使用方法和Python字典的使用方法一样。（　　）

5．URL给资源的位置提供了一种抽象的识别方法，使得系统可以对资源进行各种操作，如存储、更新、替换和查找其属性。（　　）

第5章

清洗数据与存储结构化

重点提示

学习本章内容，请您带着如下问题：

（1）为什么要进行数据清洗？

（2）数据清洗要清洗哪些内容？

（3）数据清洗的方法有哪些？

（4）非结构化存储应该怎么存储？

任务1　揭示数据清洗

1．数据清洗的目的

要想进行科学的数据分析，就需要保证数据有如下几个特性。

（1）准确性：数据必须准确地反映现实世界的状况，不能存在造假信息。

（2）完整性：数据不能丢失或被篡改。

（3）一致性：在数据存在多个副本的情况下，要保证多个副本的内容完全相同。比如，在不同的信息系统里，同一个人的身份信息必须是相同的。

（4）有效性：描述数据是否满足用户定义的条件或范围。比如，人的年龄不存在负值等。

（5）唯一性：数据不能存在重复的记录。

而现实中的数据往往差强人意，总结起来有如下特点：

（1）重复数据。

（2）字段名和结构前后不一。

（3）数据损坏。

（4）原始数据来源各不相同，格式千奇百怪。

（5）数据不完整（某些记录的某些字段缺失）。

（6）噪声（被测量的变量的随机误差或方差）。

为了进行科学的数据分析，保证数据可靠、无误，能准确地反映现实世界的状况，必须检测数据中存在的错误和不一致性，进而剔除或改正，以提高数据的质量。这个过程就是数据清洗需要做的事情。数据清洗通常会占数据分析工作80%的时间。

2．数据清洗的重要性

举一个烹饪的例子：现在有人交给你一只购物篮，里面装满了你从未见过的各种各样的食材，每一样都产自有机农场，并在最新鲜的时候经过人工精挑细选出来。多汁的西红柿，生脆的莴苣，油亮的胡椒……你一定激动地想马上开启烹饪之旅。可再看看周围，肮脏不堪，锅碗瓢盆上尽是油污，还沾着大块叫不出名字的东西。至于厨具，只有一把锈迹斑斑的切刀和一块湿抹布。水槽也是破破烂烂的。而就在此时，你发现从看似鲜美的莴苣下面爬出了一只甲虫。即使实习厨师也不可能在这样的地方烹饪。往轻里说，无外乎是暴殄天物，浪费了一篮子精美的食材。说得严重一点，这会使人致病。再说了，在这种地方烹饪毫无乐趣可言，也许全天的时间都得浪费在用生锈的切刀切菜上面。

同样的道理，事先花费一些时间清洗数据是很有必要的。数据清洗是进行数据分析的前提，因为数据的质量在很大程度上会对后期的分析结果产生影响。如果数据不准确、不完整，则可能会导致公司决策出现重大偏差，对公司而言可能是一次毁灭性的打击。

任务 2　清洗数据

子任务 1　熟知数据的基本操作

数据清洗的处理使用 pandas 框架。pandas 是基于 NumPy 的一种工具，该工具是为了解决数据分析任务而创建的。pandas 纳入了大量库和一些标准的数据模型，提供了高效地操作大型数据集所需的工具。pandas 提供了大量能使我们快速、便捷地处理数据的函数和方法。它也是使 Python 成为强大而高效的数据分析工具的重要因素之一。

安装 pandas 使用如下命令：

```
pip install pandas
```

下面介绍几个常用的操作数据的基本函数。

1. 读取数据

```
import pandas as pd #导入 pandas 模块
data = pd.read_csv("data/movie_metadata.csv") # 读入数据
print(data.head()) # 通过 head()方法，打印出前 5 行
```

运行结果如下：

	color	director_name	...	aspect_ratio	movie_facebook_likes
0	Color	James Cameron	...	1.78	33000
1	Color	Gore Verbinski	...	2.35	0
2	Color	Sam Mendes	...	2.35	85000
3	Color	Christopher Nolan	...	2.35	164000
4	NaN	Doug Walker	...	NaN	0

2. 查看基本统计信息

```
data = pd.read_csv("data/movie_metadata.csv")
print(data.describe())
```

注：data = pd.read_csv("data/movie_metadata.csv") 代表读入数据。为了使代码显得简洁，默认数据已经读取到 data 变量，故以后不再列出此行代码。

运行结果如下：

	num_critic_for_reviews	duration	...	aspect_ratio	movie_facebook_likes
count	4993.000000	5028.000000	...	4714.000000	5043.000000
mean	140.194272	107.201074	...	2.220403	7525.964505
std	121.601675	25.197441	...	1.385113	19320.445110
min	1.000000	7.000000	...	1.180000	0.000000
25%	50.000000	93.000000	...	1.850000	0.000000
50%	110.000000	103.000000	...	2.350000	166.000000
75%	195.000000	118.000000	...	2.350000	3000.000000
max	813.000000	511.000000	...	16.000000	349000.000000

3. 查看列的信息

（1）查看某列的信息，代码如下：

```
print(data.director_name.describe())
# director_name 是列名，需要修改为想要查看的列名
```

运行结果如下：

count	4939
unique	2398
top	Steven
Spielberg	
freq	26

（2）查看某列的前几行数据，代码如下：

```
print(data['director_name'][:6])
# director_name 是列名，需要修改为想要查看的列名，这里查看 director_name 列的前 6 行
```

运行结果如下：

0	James Cameron
1	Gore Verbinski
2	Sam Mendes
3	Christopher Nolan
4	Doug Walker
5	Andrew Stanton

（3）查看多列的数据，代码如下：

```
print(data[['director_name', 'num_critic_for_reviews']][:6])
#这里选择 director_name 和 num_critic_for_reviews 两列，并且仅选择前 6 行数据
```

运行结果如下：

	director_name	num_critic_for_reviews
0	James Cameron	723.0
1	Gore Verbinski	302.0
2	Sam Mendes	602.0
3	Christopher Nolan	813.0
4	Doug Walker	NaN
5	Andrew Stanton	462.0

（4）按条件选择数据，代码如下：

```
print(data[data['aspect_ratio'] > 1.78][:6])
#这里选择 aspect_ratio 大于 1.78 的数据，同样仅选择前 6 行数据
```

运行结果如下：

	color	director_name	...	aspect_ratio	movie_facebook_likes
1	Color	Gore Verbinski	...	2.35	0
2	Color	Sam Mendes	...	2.35	85000
3	Color	Christopher Nolan	...	2.35	164000
5	Color	Andrew Stanton	...	2.35	24000
6	Color	Sam Raimi	...	2.35	0
7	Color	Nathan Greno	...	1.85	29000

子任务 2　处理数据缺失

1. 数据缺失产生的原因

（1）在填写数据时漏填、错填，或者没有填写。

（2）填写的数据是错误数据，无法使用。

（3）数据计算错误导致数据错误。

2. 数据缺失的处理方法

（1）为缺失数据赋值。根据业务实际情况，给缺失数据赋予相应的近似值。比如，赋予平均值、中值、临近值或根据计算而得来的值，如通过身份证号计算年龄等。

（2）删除缺失数据行。由于数据关键信息的缺失，导致该行数据失效，需要删除该行数据，以免影响整体分析结果。

（3）删除缺失率高的列。由于某列数据的缺失率较高，导致该列数据无法使用，而列数据不会影响整体分析结果，故删除此列。如果该列是关键列，则需要使用其他手段重新获取数据信息。

3. 数据缺失的处理方法实现

1）为缺失数据赋值

我们应该去掉那些不友好的 NaN（Not a Number）值。我们检查一下 color 列。这一列非常简单，然而有些数据的值是 NaN。在本案例中，我们推断 color 列并不是很重要，所以可以使用空字符串或其他默认值代替 NaN。原始数据如下：

0	Color
1	Color
2	Color
3	Color
4	NaN
5	Color

使用如下代码进行清洗，为缺失数据赋值。

```
data = pd.read_csv("data/movie_metadata.csv")
print(data['color'][:6])                      # 原始数据
data.color = data.color.fillna('colorA')  # 利用 fillna()函数将 NaN 值改为 colorA
print(data['color'][:6])                      # 显示修改后的数据
```

运行结果如下：

0	Color
1	Color
2	Color
3	Color
4	colorA
5	Color

对于数字类型的数据缺失，我们往往不希望用 0 或 NaN 代替。比如，电影的时长，我们认为计算电影平均时长作为替代值会对我们的数据集更有帮助。虽然这并不是最优解，但这个数字类型的平均值是根据其他数据值估算出来的，会更加合理。使用这样的方式，就不会因为数字类型默认值为 0 或 NaN 而产生更大的偏差或报错。

所以，可以将 NaN 值改为该列的平均值，代码如下：

```
data.duration = data.duration.fillna(data.duration.mean())
#mean()函数意味着求平均值
```

2）删除缺失数据行

（1）删除任何包含 NaN 值的行。代码如下：

```
print(data['color'][:6]) # 原始数据
df = data.dropna()
print(df['color'][:6])   # 删除后的数据
```

值得注意的是，在新版的 pandas 中，dropna()函数是不会作用在原始数据上的，它有一个返回值，在这里定义了 df 变量来保存返回值。

运行前后对比如下。

运行前：

0	Color
1	Color
2	Color
3	Color
4	NaN
5	Color

运行后：

0	Color
1	Color
2	Color
3	Color
5	Color

很明显，包含 NaN 值的第 4 行已经被删除了。

（2）删除一整行的值都为 NA 的行。代码如下：

```
data.dropna(how='all')
```

（3）有条件删除。

也可以增加一些限制，比如，在一行中有多少非空值的数据是可以保留的。在下面的例子中，在行数据中至少要有 5 个非空值。代码如下：

```
data.drop(thresh=5)
```

如果我们不需要电影上映时间列的数据，则可以使用如下代码进行删除。

```
data.dropna(subset=['title_year'])
```

subset 参数允许我们选择想要检查的列。如果是多个列，则可以使用列名的列表作为参数。

3）删除缺失率高的列

可以将上面的操作应用到列上，仅仅需要在代码中使用 axis=1 参数。它的意思就是操作列，而不操作行。其实，我们在行的例子中已经使用了 axis=0，因为如果不传参数 axis，则默认 axis=0。

（1）删除一整列的值都为 NA 的列。代码如下：

```
data.drop(axis=1, how='all')
```

（2）删除任何包含空值的列。代码如下：

```
data.drop(axis=1. how='any')
```

（3）同理，可以像行的操作一样，使用 threshold 和 subset 参数。

子任务 3　规范化数据

1. 数据不规范的原因

（1）在进行数据转换时数据格式错误。比如，原本为 float 类型的数据，在转换过程中变为字符串类型。

（2）错别字：在用户输入的时候，一时大意写出了错别字。

（3）英文单词大小写不统一。

（4）空格：输入了额外的空格。

（5）非 ASCII 字符。

2. 数据不规范的处理方法

（1）类型转换：对数据进行类型转换。

（2）必要转换：针对不同的情况进行相应的转换。例如，对英文单词进行大小写转换。

3. 数据不规范的处理方法实现

1）类型转换

可以在读入数据的时候传入一个 dtype 参数，该参数接收字典类型。代码如下：

```
data = pd.read_csv("data/movie_metadata.csv", dtype={'director_name': str})
print(data['director_name'].head())
print(data['director_name'][2])          # 结果:Sam Mendes
print(type(data['director_name'][2])) # 结果:<class 'str'>
```

这就是告诉 pandas，director_name 列的数据类型是字符串类型。

运行结果如下：

0	James Cameron
1	Gore Verbinski
2	Sam Mendes
3	Christopher Nolan
4	Doug Walker

2）必要转换

（1）英文单词大小写转换。

对于 color 列，我们想把英文单词都转换成大写形式。具体代码如下：

```
data = pd.read_csv("data/movie_metadata.csv")
print(data.color.head().str.upper()) # 调用 upper()函数，将英文单词都转换成大写形式
print(data.color.str.upper().head())
```

在这里，使用 head()函数来输出前 5 行。

注意 head()函数的位置，将它写在不同的位置，运行结果都正确。

运行结果如下：

0	COLOR
1	COLOR
2	COLOR
3	COLOR
4	NaN

同样，可以使用 lower()函数把英文单词都转换成小写形式。

（2）去除空格。

去除空格使用 strip()函数。比如，去除 movie_title 列中的空格，代码如下：

```
data['movie_title'].str.strip()
```

（3）非 ASCII 字符。

对于非 ASCII 字符，可以使用替换或删除的方法对其进行清洗。例如，使用正则表达式进行清洗。代码如下：

```
data['director_name ].replace({r'[^\x00-\x7F]+': ''}, regex=True, inplace=True)
```

在 replace()函数中使用了正则表达式，将正则表达式匹配到的内容替换为空。regex=True 表示使用了正则表达式。

子任务 4　处理数据表结构的错误

本次任务使用的数据集为 patient_heart_rate.csv。

部分内容显示如下：

1	Mickéy Mousé	56	70kgs	72	69	71	-	-	-
2	Donald Duck	34	154.89lbs	-	-	-	85	84	76
3	Mini Mouse	16		-	-	-	65	69	72
4	Scrooge McDuck	78kgs	78	79	72	-	-	-	
5	Pink Panther	54	198.658lbs	-	-	-	69		75
6	Huey McDuck	52	189lbs	-	-	-	68	75	72
7	Dewey McDuck	19	56kgs	-	-	-	71	78	75
8	Scööpy Doo	32	78kgs	78	76	75	-	-	-
9	Huey McDuck	52	189lbs	-	-	-	68	75	72
10	Louie McDuck	12	45kgs	-	-	-	92	95	87

1．存在的问题

（1）没有列头。

（2）一个列有多个参数。

（3）存在重复行。

（4）列数据的单位不统一。

（5）有些列头应该是数据，而不应该是列名参数。

（6）列头中英文需要转换。

2．数据表结构错误的清洗方法

（1）添加列头。

（2）拆分列头。

（3）删除重复行。

（4）数据单位转换。

（5）列头行列转换。

（6）列头中英文转换。

3．数据表结构错误的清洗方法实现

1）添加列头

在读入数据的时候给数据添加列头。代码如下：

```
    import pandas as pd
    column_names = ['id', 'name', 'age', 'weight', 'm0006', 'm0612', 'm1218',
'f0006','f0612', 'f1218']
    data = pd.read_csv("data/patient_heart_rate.csv", names=column_names)
    print(data.head())
```

仅需定义一个列表 column_names 来指定列名，在读取时赋值给 names 参数。

运行结果如下：

	id	name	age	weight	m0006	m0612	m1218	f0006	f0612	f1218
0	1.0	Mickéy Mousé	56.0	70kgs	72	69	71	-	-	-
1	2.0	Donald Duck	34.0	154.89lbs	-	-	-	85	84	76
2	3.0	Mini Mouse	16.0	NaN	-	-	-	65	69	72
3	4.0	Scrooge McDuck	NaN	78kgs	78	79	72	-	-	-
4	5.0	Pink Panther	54.0	198.658lbs	-	-	-	69	NaN	75

2）拆分列头

由上面的运行结果可以看出，name 列包含了两个参数：Firstname 和 Lastname。为了达到数据整洁的目的，我们决定将 name 列拆分成 Firstname 和 Lastname 两列。

代码如下：

```
    column_names = ['id', 'name', 'age', 'weight', 'm0006', 'm0612', 'm1218',
'f0006','f0612', 'f1218']
    data = pd.read_csv("data/patient_heart_rate.csv", names=column_names)
    data[['first_name', 'last_name']] = data['name'].str.split(expand=True)
    data.drop('name', axis=1, inplace=True)
    print(data.head())
```

第 3 行定义了 first_name 和 last_name 变量，并将 data['name']分割后的值赋给它们。

第 4 行，data.drop('name', axis=1, inplace=True)函数的第一个参数是要删除的列名，第二个参数表示操作的是列，第三个参数表示是否在 data 变量内进行数据的删除操作。

运行结果如下：

	id	age	weight	m0006	m0612	m1218	f0006	f0612	f1218	first_name	last_name
0	1.0	56.0	70kgs	72	69	71	-	-	-	Mickéy	Mousé
1	2.0	34.0	154.89lbs	-	-	-	85	84	76	Donald	Duck
2	3.0	16.0	NaN	-	-	-	65	69	72	Mini	Mouse
3	4.0	NaN	78kgs	78	79	72	-	-	-	Scrooge	McDuck
4	5.0	54.0	198.658lbs	-	-	-	69	NaN	75	Pink	Panther

3）删除重复行

首先校验一下是否存在重复行。如果存在重复行，则使用 pandas 提供的 drop_duplicates() 函数来删除重复行。具体代码如下：

```
    column_names = ['id', 'name', 'age', 'weight', 'm0006', 'm0612', 'm1218',
'f0006','f0612', 'f1218']
    data = pd.read_csv("data/patient_heart_rate.csv", names=column_names)
    data[['first_name', 'last_name']] = data['name'].str.split(expand=True)
    data.dropna(how='all', inplace=True)
    data.drop_duplicates(['first_name','last_name'], inplace=True)
    print(data)
```

运行结果如下：

	id	age	weight	m0006	m0612	...	f0006	f0612	f1218	first_name	last_name
0	1.0	56.0	70kgs	72	69	...	-	-	-	Mickéy	Mousé
1	2.0	34.0	154.89lbs	-	-	...	85	84	76	Donald	Duck
2	3.0	16.0	NaN	-	-	...	65	69	72	Mini	Mouse
3	4.0	NaN	78kgs	78	79	...	-	-	-	Scrooge	McDuck
4	5.0	54.0	198.658lbs	-	-	...	69	NaN	75	Pink	Panther
5	6.0	52.0	189lbs	-	-	...	68	75	72	Huey	McDuck
6	7.0	19.0	56kgs	-	-	...	71	78	75	Dewey	McDuck
7	8.0	32.0	78kgs	78	76	...	-	-	-	Scööpy	Doo
10	10.0	12.0	45kgs	-	-	...	92	95	87	Louie	McDuck

可以看出，名字 Huey McDuck 重复的数据已经被删除。

4）数据单位转换

从上面的运行结果中可以看出，weight 列的单位是不一致的，有 kgs 和 lbs，需要统一单位。代码如下：

```
    column_names = ['id', 'name', 'age', 'weight', 'm0006', 'm0612', 'm1218',
'f0006','f0612', 'f1218']
    data = pd.read_csv("data/patient_heart_rate.csv", names=column_names)
    data[['first_name', 'last_name']] = data['name'].str.split(expand=True)
    data.drop('name', axis=1, inplace=True)
    # print(data.head())
    rows_with_lbs = data['weight'].str.contains('lbs').fillna(False)
    print(data[rows_with_lbs])
    for i, lbs_row in data[rows_with_lbs].iterrows():
        weight = int(float(lbs_row['weight'][:-3]) / 2.2)
        data.at[i, 'weight'] = '{}kgs'.format(weight)
```

```
print(data)
```

第 1～5 行是以前的代码。

第 6 行首先找出 weight 列中包含 lbs 的数据，然后填充为 False。

填充为 False 有什么用呢?如果将 rows_with_lbs 变量打印出来，就会得到如下结果 1。也就是说，如果包含 lbs 就返回 True；否则返回 False。如果将 data[rows_with_lbs]打印出来，就会得到如下结果 2。

第 8 行通过 iterrows()方法得到迭代器，利用 for 循环依次处理，将 lbs 转换为 kgs。

第 10 行利用 at，将第 *i* 个位置的 weight 列的数据重新赋值。

结果 1：

0	False
1	True
2	False
3	False
4	True
5	True
6	False
7	False
8	False
9	True
10	False

结果 2：

	id	name	age	weight	m0006	m0612	m1218	f0006	f0612	f1218
1	2.0	Donald_Duck	34.0	154.89lbs	-	-	-	85	84	76
4	5.0	Pink_Panther	54.0	198.658lbs	-	-	-	69	NaN	75
5	6.0	Huey_McDuck	52.0	189lbs	-	-	-	68	75	72
9	9.0	Huey_McDuck	52.0	189lbs	-	-	-	68	75	72

5）列头行列转换

在上一个例子中，有些列头是由性别和时间范围的值组成的列名（如上一个例子中第五列的列名为 m0006）。这些列名有可能是在处理或收集数据的过程中进行了行列转换，或者收集器的固定命名规则所导致的结果。这些值应该被分解为性别(m,f)和时间范围列(00-06,06-12,12-18)。下面我们对类似的列进行转换。代码如下：

```
# 切分 sex_hour 列为 sex 列和 hour 列
sorted_columns = ['id','age','weight','first_name','last_name']data = pd. melt(data,
                    id_vars=sorted_columns, var_name='sex_hour',
                    value_name='puls_rate').sort_values(sorted_columns)
data[['sex', 'hour']] = data['sex_hour'].apply(lambda x: pd.Series(([x[:1],
'{}-{}'.format(x[1:3], x[3:])])))[[0, 1]]
data.drop('sex_hour', axis=1, inplace=True)
# 删除没有心率的数据
row_with_dashes = data['puls_rate'].str.contains('-').fillna(False)
data.drop(data[row_with_dashes].index,  inplace=True)
# 重置索引
```

```
data = data.reset_index(drop=True)
print(data)
```

运行结果如下：

	id	age	weight	first_name	last_name	puls_rate	sex	hour
0	1.0	56.0	70kgs	Micky	Mous	72	m	00-06
1	1.0	56.0	70kgs	Micky	Mous	69	m	06-12
2	1.0	56.0	70kgs	Micky	Mous	71	m	12-18
3	2.0	34.0	154.89lbs	Donald	Duck	85	f	00-06
4	2.0	34.0	154.89lbs	Donald	Duck	84	f	06-12
5	2.0	34.0	154.89lbs	Donald	Duck	76	f	12-18
6	3.0	16.0	NaN	Mini	Mouse	65	f	00-06
7	3.0	16.0	NaN	Mini	Mouse	69	f	06-12
8	3.0	16.0	NaN	Mini	Mouse	72	f	12-18
9	4.0	NaN	78kgs	Scrooge	McDuck	78	m	00-06
10	4.0	NaN	78kgs	Scrooge	McDuck	79	m	06-12
11	4.0	NaN	78kgs	Scrooge	McDuck	72	m	12-18

6）列头中英文转换

有时候，使用英文的列头看起来不方便，需要将其转换成中文的列头。这就需要用到 rename()函数，具体代码如下：

```
df = data.rename(columns={age: '年龄', weight : '体重'})
print(df.head())
```

运行结果如下：

	id	年龄	体重	first_name	last_name	puls_rate	sex	hour
0	1.0	56.0	70kgs	Micky	Mous	72	m	00-06
1	1.0	56.0	70kgs	Micky	Mous	69	m	06-12
2	1.0	56.0	70kgs	Micky	Mous	71	m	12-18
3	2.0	34.0	154.89lbs	Donald	Duck	85	f	00-06
4	2.0	34.0	154.89lbs	Donald	Duck	84	f	06-12
5	2.0	34.0	154.89lbs	Donald	Duck	76	f	12-18
6	3.0	16.0	NaN	Mini	Mouse	65	f	00-06
7	3.0	16.0	NaN	Mini	Mouse	69	f	06-12
8	3.0	16.0	NaN	Mini	Mouse	72	f	12-18
9	4.0	NaN	78kgs	Scrooge	McDuck	78	m	00-06
10	4.0	NaN	78kgs	Scrooge	McDuck	79	m	06-12
11	4.0	NaN	78kgs	Scrooge	McDuck	72	m	12-18

完整代码如下：

```
import pandas as pd
column_names = ['id', 'name', 'age', 'weight', 'm0006', 'm0612', 'm1218', 'f0006',
'f0612', 'f1218']
data = pd.read_csv("data/patient_heart_rate.csv", names=column_names)
data[['first_name', 'last_name']] = data['name'].str.split(expand=True)
data.dropna(how='all', inplace=True)
```

```
data.drop_duplicates(['first_name','last_name'], inplace=True)
data['first_name'].replace({r'[^\x00-\x7F]+': ''},regex=True,inplace=True)
data['last_name'].replace({r'[^\x00-\x7F]+': ''}, regex=True, inplace=True)
# print(data)
# 切分 sex_hour 列为 sex 列和 hour 列
sorted_columns = ['id', 'age', 'weight', 'first_name', 'last_name']
data = pd.melt(data, id_vars=sorted_columns, var_name='sex_hour',
            value_name='puls_rate').sort_values(sorted_columns)
data[['sex', 'hour']] = data['sex_hour'].apply(lambda x: pd.Series(([x[:1], '{}-
         {}'.format(x[1:3], x[3:])]))) [[0, 1]]
data.drop('sex_hour', axis=1, inplace=True)
# 删除没有心率的数据
row_with_dashes = data['puls_rate'].str.contains('-').fillna(False)
data.drop (data[row_with_dashes].index,
        inplace=True)
# 重置索引
data = data.reset_index(drop=True) print(data)
```

子任务 5　处理日期数据的问题

本次任务使用的数据集为 Artworks.csv。读取数据的代码如下：

```
df = pd.read_csv('data/Artworks.csv')
data = df.head(100)
print(data)
data.to_csv('data/Artworks_new.csv')
```

本次任务仅处理前 100 条数据，所以提取前 100 条数据即可，将提取后的数据保存到新的文件 Artworks_new.csv 中。

1. 统计日期数据

仔细观察一下 Date 列的数据，有些数据表示的是年的范围（1976-77），而不是单独的一个年份。因此，在使用年份数据画图时，就不能像单独的年份那样轻易地画出来。可以使用 pandas 的 value_counts()函数来统计一下每种数据的数量。对 Date 列进行统计，代码如下：

```
data = pd.read_csv('data/Artworks_new.csv')
print(data['Date'].value_counts())
```

1976-77	25
1980-81	15
1979	12
Unknown	7
1978	5
1917	5
1980	5
1923	4
1935	3
1987	2
1903	2

注：此为部分结果信息。

2. 日期数据存在的问题

Date 列的数据除年份是范围外，还有 3 种非正常格式。

（1）年份范围，如“1976-77”。

（2）日期数据是估计值，如“c. 1917”“1917 年前后”。

（3）缺失数据，如“Unknown”。

（4）无意义数据，如“n.d.”。

3. 日期数据的处理

1）年份范围

数据是年份范围，选择其中的一个年份作为清洗之后的数据。为了简单起见，使用开始的年份来替换类似的数据。因为这个时间是一个 4 位数的数字，如果使用结束的年份，则还要补齐前两位的数字。

我们要处理的年份范围的数据包含“-”，可以通过这个特殊的字符串来过滤要处理的数据，然后通过 split()函数利用“-”分隔符将数据分割，将结果的第一部分作为处理的最终结果。具体代码如下：

```
data = pd.read_csv('data/Artworks_new.csv')
# print(data['Date'].value_counts())
row_with_dashes = data['Date'].str.contains('-').fillna(False)
for i, dash in data[row_with_dashes].iterrows():
    data.at[i, 'Date'] = dash['Date'][0:4]
print(data['Date'].value_counts())
```

运行结果如下：

1976	25
1980	20
1979	12
Unknown	7
1917	5
1978	5
1923	4
1935	3
1987	2
1903	2
1906	1
1905	1

2）日期数据是估计值

数据本身不准确，是一个估计的年份时间，要将其转换为年份，只要保留最后 4 位数字即可。该数据的特点是包含“c”，这样就可以通过这一特征将需要转换的数据过滤出来。代码如下：

```
row_with_cs = data['Date'].str.contains('c').fillna(False)
for i, row in data[row_with_cs].iterrows():
```

```
    data.at[i, 'Date'] = row['Date'][-4:]
print(data[row_with_cs])
```

运行结果如下：

	Unnamed: 0	...	Duration (sec.)
78	78	...	NaN

3）缺失数据和无意义数据

对于这部分数据，采用默认值赋值的方式进行处理，在这里将其赋值为0。代码如下：

```
data['Date'] = data['Date'].replace('Unknown', '0', regex=True)
data['Date'] = data['Date'].replace('n.d.', '0', regex=True)
print(data['Date'])
```

完整代码如下：

```
data = pd.read_csv('data/Artworks_new.csv')
# print(data['Date'].value_counts())
row_with_dashes = data['Date'].str.contains('-').fillna(False)
for i, dash in data[row_with_dashes].iterrows():
    data.at[i, 'Date'] = dash['Date'][0:4]
# print(data['Date'].value_counts())
row_with_cs = data['Date'].str.contains('c').fillna(False)
for i, row in data[row_with_cs].iterrows():
    data.at[i, 'Date'] = row['Date'][-4:]
# print(data[row_with_cs])
data['Date'] = data['Date'].replace('Unknown', '0', regex=True)
data['Date'] = data['Date'].replace('n.d.', '0', regex=True)
print(data['Date'])
```

任务3 使用分布式数据库系统和结构存储数据

子任务1 安装并使用Hive数据仓库

1. Hive概述

Hive是一个数据仓库基础工具，在Hadoop中用来处理结构化数据。它架构在Hadoop之上。

Hive并不是一个完整的数据库，Hadoop及HDFS的设计本身约束和限制了Hive所能胜任的工作。其中最大的限制就是Hive不支持记录级别的更新、插入或删除操作。

同时，Hive用户可以通过查询生成新表，或者将查询结果导入文件中。因为Hadoop是一个面向批处理的系统，而MapReduce任务的启动过程需要消耗较长的时间，所以Hive查询延迟比较严重。传统数据库中在秒级别可以完成的查询，在Hive中，即使数据集相对较小，往往也需要执行更长的时间。

由于Hive采用了类似SQL的查询语言HQL（Hive Query Language），因此很容易将Hive理解为数据库。其实，从结构上来看，Hive和数据库除了拥有类似的查询语言，再无类似之处。数据库可以用在在线的应用中；而Hive是为数据仓库而设计的，它能够将结构化的文件映射为一张数据表，并能提供SQL查询功能，即将SQL语言转换为MapReduce任务来运行。如表5-1所示为Hive与传统结构化查询语言对比。

表 5-1　Hive 与传统结构化查询语言对比

	Hive	SQL（结构化查询语言）
ANSI SQL	不完全支持	支持
更新	insert OVERWRITE\INTO TABLE	UPDATE\INSERT\DELETE
事务	不支持	支持
模式	读模式	写模式
数据保存	HDFS	块设备、本地文件系统
延迟	高	低
多表插入	支持	不支持
子查询	完全支持	只能用在 From 子句中
视图	Read-only	Updatable
可扩展性	高	低
数据规模	大	小

2. 环境准备

在第 3 章搭建的大数据平台的基础上，安装 Hive 组件，具体架构如表 5-2 所示。

表 5-2　大数据平台搭建架构（增加 Hive 组件）

组　件	进　程	master	node1	node2
HDFS	NameNode	√		
	Secondary NameNode		√	
	DataNode		√	√
YARN（MapReduce2.0）	ResourceManager	√		
	NodeManager		√	√
Hive	Hive Client	√		
	Hive Server		√	
MySQL Server				√

从表 5-2 中可以看出，把 Hive Server 安装在 node1 节点，把 Hive Client 安装在 master 节点，把 MySQL Server 安装在 node2 节点。

本次安装所需的软件包如下。

（1）apache-Hive-2.1.1-bin.tar.gz：Hive 组件安装包。

下载地址：https://mirrors.tuna.tsinghua.edu.cn/apache/Hive/。

（2）mysql-connector-java-5.1.5-bin.jar：MySQL 数据库的连接器 JAR 包。

下载地址：https://dev.mysql.com/downloads/connector/j/。

需要将 apache-Hive-2.1.1-bin.tar.gz 软件包上传到 master 节点。

3. 开始搭建

在 node2 节点上执行如下操作。

（1）安装 EPEL 源。

```
yum -y install epel-release
```

（2）安装 MySQL Server 包，下载源安装包。

```
wget  http://dev.mysql.com/get/mysql57-community-release-el7-8.noarch.rpm
```

注意：如果报错，显示没有找到命令，就先安装 wget 命令。

（3）安装源。

```
rpm -ivh mysql57-community-release-el7-8.noarch.rpm
```

查看源是否安装成功。

```
cd /etc/yum.repos.d
```

在 yum.repos.d 目录下会有 Centos-Vault.repo、epel-testing.repo、mysql-community-source.repo、epel.repo、mysql-community.repo 文件。

（4）启动 MySQL 服务。

重载所有修改过的配置文件。

```
systemctl daemon-reload
```

开启 MySQL 服务。

```
systemctl start mysqld
```

设置开机 MySQL 服务自启动。

```
systemctl enable mysqld
```

获取初始密码。

```
grep password  /var/log/mysqld.log
```

登录 MySQL。

```
mysql -uroot -p
```

（5）更改数据库安全策略。

设置密码强度为低级。

```
set global validate_password_policy=0;
```

设置密码长度。

```
set global validate_password_length=4;
```

修改本地密码。

```
alter user 'root'@'localhost' identified by '123456';
```

退出。

```
exit
```

密码强度分级如下：0 为 low 级别，只检查长度；1 为 medium 级别（默认），密码长度为 8，且必须包含数字、大小写字母、特殊字符；2 为 strong 级别，密码难度更大，需要包括字典文件。密码长度最低为 4，当设置长度为 1、2、3 时，其长度依然为 4。

（6）设置远程登录

使用新密码登录 MySQL。

```
mysql -uroot -p123456
```

创建用户。

```
create user 'root'@'%' identified by '123456';
```

允许远程连接。

```
grant all privileges on *.* to 'root'@'%' with grant option;
```

刷新权限。

```
lush privileges;
```

（7）在 node1 节点上安装 Hive。

master 节点上的操作如下：

```
mkdir -p /usr/hive
tar -zxvf /opt/soft/apache-hive-2.1.1-bin.tar.gz -C /usr/hive/
```

在 node1 节点上也创建 Hive 文件夹。

```
scp -r /usr/hive/apache-hive-2.1.1-bin root@node1:/usr/hive/
```

（8）修改环境变量。

修改/etc/profile 文件，设置 Hive 环境变量（master 和 node1 的值）。

```
vi /etc/profile
export HIVE_HOME=/usr/hive/apache-Hive-2.1.1-bin
export PATH=$PATH:$HIVE_HOME/bin
```

验证环境变量。

```
source /etc/profile
```

（9）修改配置文件。

将上传到 lib 目录中的 mysql-connector-java-5.1.5-bin.jar 压缩包分发到 node1 节点。

```
scp /lib/mysql-connector-java-5.1.5-bin.jar
root@node1:/usr/hive/apache-Hive-2.1.1-bin/lib
```

修改 node1 的配置文件 hive-env.sh（在/usr/hive/apache-hive-2.1.1-bin/conf 文件夹中）。

生成配置文件。

```
cp hive-env.sh.template hive-env.sh
```

在配置文件中添加如下代码：

```
HADOOP_HOME=/usr/hadoop/hadoop-2.7.3（根据自己的设置而定）
```

修改 hive-site.xml 文件。

```
[root@node1 conf]# vi hive-site.xml
<configuration>
        <property>
                <name>hive.metastore.warehouse.dir</name>
                <value>/user/hive_remote/warehouse</value>
        </property>
        <property>
                <name>javax.jdo.option.ConnectionURL</name>

<value>jdbc:mysql://node2:3306/hive?createDatabaseIfNotExist=true</value>
        </property>
        <property>
                <name>javax.jdo.option.ConnectionDriverName</name>
                <value>com.mysql.jdbc.Driver</value>
        </property>
        <property>
                <name>javax.jdo.option.ConnectionUserName</name>
                <value>root</value>
```

```
        </property>
        <property>
              <name>javax.jdo.option.ConnectionPassword</name>
              <value>123456</value>
        </property>
        <property>
              <name>hive.metastore.schema.verification</name>
              <value>false</value>
        </property>
        <property>
              <name>datanucleus.schema.autoCreateAll</name>
              <value>true</value>
        </property>
```

在 master 节点上配置客户端。

由于客户端需要和 Hadoop 通信，所以需要更改 Hadoop 中 jline 压缩包的版本。即保留一个高版本的 jline 压缩包，把高版本的 jline 压缩包从 Hive 的 lib 目录中复制到 Hadoop 的 lib 目录下，位置为/usr/hadoop/hadoop-2.7.3/share/hadoop/yarn/lib。

```
    cp /usr/Hive/apache-Hive-2.1.1-bin/lib/jline-2.12.jar  /usr/hadoop/hadoop-2.7.3
/share/hadoop/yarn/lib/
```

同样修改 hive-site.xml 文件。

```
    [root@master conf]# vi hive-site.xml
    <configuration>
          <property>
                <name>hive.metastore.warehouse.dir</name>
                <value>/user/Hive_remote/warehouse</value>
          </property>
          <property>
                <name>hive.metastore.local</name>
                <value>false</value>
          </property>
          <property>
                <name>hive.metastore.uris</name>
                <value>thrift://node1:9083</value>
          </property>
    </configuration>
```

4．启动 Hive

在 node1 节点上输入“bin/hive”（该命令在/usr/Hive/apache-Hive-2.1.1-bin 目录下输入）。

同样在 master 节点上输入“bin/hive”。

成功进入 Hive 后会显示“hive>”。

在 Hive 内输入“hive>show databases;”。

查看是否返回数据库列表，返回则表示成功启动 Hive。

同时输入“jps”查看进程，会显示“RunJar”。

5．命令解析

（1）查询类命令。

```
show databases;           //查看某个数据库
```

```
use 数据库;                    //进入某个数据库
show 表名;                     //显示所有表
desc 表名;                     //显示表结构
show partitions 表名;          //显示表名的分区
show create 表名;              //显示创建表的结构
```

（2）创建内部表。

```
create table 表名; //创建一个表
```

例如：

```
create table user;
create table 表名 like 表名; //创建一个表，结构与 xxx 的结构一样
```

例如：

```
create table AAA like BBB;  //创建一个 AAA 表，结构与 BBB 表的结构一样
```

（3）创建外部表。

```
create external table 表名 ; //创建一个外部表
```

例如：

```
create external table user;
```

（4）内、外部表转换。

```
alter table 表名 set TBLPROPROTIES ('EXTERNAL'='TRUE'); //内部表转换为外部表
```

例如：

```
alter table user set TBLPROPROTIES ('EXTERNAL'='TRUE');
```

```
alter table 表名 set TBLPROPROTIES ('EXTERNAL'='FALSE'); //外部表转换为内部表
```

例如：

```
alter table user set TBLPROPROTIES ('EXTERNAL'='FALSE');
```

（5）修改表结构。

```
alter table 表名 rename to 新表名; //重命名表
```

例如：

```
alter table user rename to demo; //将 user 表重命名为 demo
```

```
alter table 表名 add columns (newcol1 int comment '新增');// 修改字段
```

例如：

```
alter table table_name add columns (newcol1 int comment '新增');
```

```
alter table 表名 replace columns (col1 int,col2 string,col3 string);// 删除表
```

例如：

```
alter table table_name change col_name new_col_name new_type;
```

```
drop table 表名;//删除分区
```

例如：

```
drop table table_name;
```

6. Hive 实例讲解

（1）启动 Hive，并通过 hive 命令查看 Hadoop 所有的文件路径。

```
[root@master ~]# hive
Hive> dfs -ls;
Found 1 items
drwxr-xr-x   - root hdfs          0 2019-04-07 23:14 .hiveJars
```

（2）使用 Hive 工具来创建数据表 bigdatae，并将 zhangjing.txt 文件导入该表中。bigdatae 表的数据结构如下表所示。导入完成后，通过 Hive 查询数据表 bigdatae 中的数据映射在 HDFS 中的文件位置信息。将以上操作命令（相关数据库命令请全部使用小写形式）和输出结果以文本形式提交到答题框。

stname(string)	stID(int)	class(string)	opt_cour(string)

具体命令如下：

```
create table bigdatae (stname string,stID int,class string,opt_cour string)row format delimited fields terminated by '\t';
load data local inpath '/root/fujian/hive/zhangjing.txt' into table bigdatae;
show create table bigdatae;
```

子任务 2　安装并使用 HBase 分布式数据库

1. HBase 概述

HBase 是一个高可靠性、高性能、面向列、可伸缩的分布式存储系统，利用 HBase 技术可在廉价的 PC Server 上搭建起大规模结构化存储集群。利用 Hadoop HDFS 作为其文件存储系统，利用 Hadoop MapReduce 来处理 HBase 中的海量数据，利用 ZooKeeper 作为其分布式协同服务。HBase 主要用来存储非结构化和半结构化的松散数据（HBase 是列存储 NoSQL 数据库）。

在开发 HBase 时的目标便是存储并处理大规模数据。具体来说，仅需使用普通的硬件配置，就能够处理由成千上万的行和列所组成的大规模数据。

HBase 是 Google BigTable 的开源实现，二者在形式上有很多类似之处。Google BigTable 利用 GFS 作为其文件存储系统，而 HBase 利用 Hadoop HDFS 作为其文件存储系统；Google BigTable 运行 MapReduce 来处理 BigTable 中的海量数据，HBase 同样利用 Hadoop MapReduce 来处理 HBase 中的海量数据；Google BigTable 利用 Chubby 作为协同服务，而 HBase 利用 ZooKeeper 作为分布式协同服务。

传统数据库遇到的问题如下：

（1）当数据量很大的时候无法存储。

（2）没有很好的备份机制。

（3）当数据达到一定数量后，运行速度开始变得缓慢。当数据量很大时，传统数据库基本无法支撑。

HBase 的优势如下：

（1）支持线性扩展。随着数据量的增多，可以通过节点扩展进行支撑。

（2）数据存储在 HDFS 上，备份机制健全。

（3）通过 ZooKeeper 协同查找数据，访问速度快。

（4）写入性能高，且几乎可以无限扩展。

（5）海量数据（100TB级别）下的查询依然能保持在5ms级别。

（6）存储容量大，不需要做分库分表，并且维护简单。

（7）表的列可以灵活配置，一行可以有多个非固定的列。

HBase与关系型数据库的区别如表5-3所示。

表5-3 HBase与关系型数据库的区别

	HBase	RDBMS（关系型数据库）
硬件架构	类似于Hadoop的分布式集群，硬件成本低廉	传统的多核系统，硬件成本昂贵
容错性	由软件架构实现，由于采用多节点，所以不存在一点或几点宕机	一般需要额外的硬件设备实现HA（高可用性）
数据库大小	PB级别	GB、TB级别
数据排布方式	以稀疏的、分布的、多维的映射方式组织	以行和列组织
数据类型	Bytes	丰富的数据类型
事务支持	ACID［原子性（Atomicity）、一致性（Consistency）、隔离性（Isolation）及持久性（Durability）］只支持单个Row级别	全面的ACID支持
查询语言	只支持Java API（除非与其他框架一起使用，如Phoenix、Hive）	SQL
索引	只支持Row-Key（除非与其他框架一起使用，如Phoenix、Hive）	支持
吞吐量	百万查询/每秒	数千查询/每秒

2．环境准备

在前面搭建的大数据平台的基础上，安装HBase组件，具体架构如表5-4所示。

表5-4 大数据平台搭建架构（增加HBase组件）

组　件	进　程	master	node1	node2
HDFS	NameNode	√		
	Secondary NameNode		√	
	DataNode		√	√
YARN（MapReduce 2.0）	ResourceManager	√		
	NodeManager		√	√
Hive	Hive Client	√		
	Hive Server		√	
MySQL Server				√
HBase	HBase Server		√	
	HBase Client	√		

从表5-4中可以看出，把HBase Server安装在node1节点，把HBase Client安装在master节点，把MySQL Server安装在node2节点。

本次安装所需的软件包如下。

（1）hbase-1.2.4-bin.tar.gz：HBase安装包。

下载地址：https://hbase.apache.org/。

（2）jdk-8u171-linux-x64.tar.gz。

下载地址：https://www.oracle.com/technetwork/java/javase/downloads/jdk8-downloads-2133151.html。

3．基础环境搭建

首先，将 Java 包解压，并配置生效 Java 环境变量。

其次，配置 HBase 环境变量。

```
vi /etc/profile
export HBASE_HOME=/usr/hbase/hbase-1.2.4
export PATH=$PATH:$HBASE_HOME/bin
```

再次，激活环境变量。

```
source /etc/profile
```

最后，创建 HBase 安装目录/usr/hbase，并将 HBase 安装包解压到该目录。

```
tar -zxvf hbase-1.2.4-bin.tar.gz -C /usr/hbase/
```

4．HBase 配置

修改配置文件 hbase-env.sh。

```
vi /usr/hbase/hbase-1.2.4/conf/hbase-env.sh
```

配置的具体内容如下：

```
export HBASE_MANAGES_ZK=false
export JAVA_HOME=/usr/java/jdk1.8.0_171
export HBASE_CLASSPATH=/usr/hadoop/hadoop-2.7.3/etc/hadoop/
```

修改配置文件 hbase-site.xml。

```
vi /usr/hbase/hbase-1.2.4/conf/hbase-site.xml
```

配置的具体内容如下：

```
<configuration>
        <property>
                <name>hbase.rootdir</name>
                <value>hdfs://master:9000/hbase</value>
        </property>
        <property>
                <name>hbase.cluster.distributed</name>
                <value>true</value>
        </property>
        <property>
                <name>hbase.master</name>
                <value>hdfs://master:6000</value>
        </property>
        <property>
                <name>hbase.zookeeper.quorum</name>
                <value>master,node1,node2</value>
        </property>
        <property>
                <name>hbase.zookeeper.property.dataDir</name>
                <value>/usr/zookeeper/zookeeper-3.4.10</value>
        </property>
</configuration>
```

修改配置文件 regionservers。命令如下：

```
vi /usr/hbase/hbase-1.2.4/conf/regionservers
```

配置的内容如下：

```
node1
node2
```

复制文件到 HDFS。

```
cp /usr/hadoop/hadoop-2.7.3/etc/hadoop/hdfs-site.xml /usr/hbase/hbase-1.2.4/conf/
cp /usr/hadoop/hadoop-2.7.3/etc/hadoop/core-site.xml /usr/hbase/hbase-1.2.4/conf/
```

分发 HBase 包到其他节点。

```
scp -r /usr/hbase/ node1:/usr/
scp -r /usr/hbase/ node2:/usr/
```

5．启动 HBase

在保证 Hadoop 和 ZooKeeper 启动的情况下，输入如下命令即可启动 HBase。

```
/usr/hbase/hbase-1.2.4/bin/start-hbase.sh
```

6．命令解析

（1）create：创建表。命令格式如下：

```
create '表名','列族名' //创建表
```

例如：

```
create 'user', 'info'
```

（2）put/update：插入数据。命令格式如下：

```
put '表名','列族名','插入内容' //创建表，并向列族中添加数据
```

例如：

```
put 'user', 'info:name', 'zhangsan'
```

（3）get：查询数据。命令格式如下：

```
get '表名','ROWKEY'//在表内依据 ROWKEY 查询数据
```

例如：

```
get 'user', '100001'
```

（4）scan：扫描全表，仅用于测试，在实际中慎用。命令格式如下：

```
scan '表名'//查询该表
```

例如：

```
scan 'user'
```

（5）scan range：范围查询。命令格式如下：

```
scan '表名',{STARTROW =>'范围'} //查询该表
```

例如：

```
scan 'user' ,{STARTROW => '100001'}
```

7．HBase 实例讲解

创建一个以 bigdata 为表名、以 info 为列族名的数据表，查看后删除。

（1）使用 HBase 创建表 bigdata，列族为 info。创建完成后，查看表是否创建成功。代码如下：

```
[root@master ~]# hbase shell
hbase(main):001:0> create 'bigdata','info';
hbase(main):002:0> list
TABLE
bigdata
1 row(s) in 0.0060 seconds
=> ["bigdata"]
```

（2）删除表 bigdata，并使用 list 命令查询 bigdata 表。代码如下：

```
hbase(main):002:0> list
TABLE
bigdata
1 row(s) in 0.0890 seconds

=> ["bigdata"]
hbase(main):003:0> disable 'bigdata'
0 row(s) in 4.4600 seconds

hbase(main):004:0> drop 'bigdata'
0 row(s) in 2.3400 seconds

hbase(main):005:0> list 'bigdata'
TABLE
0 row(s) in 0.0070 seconds

=> []
```

课后练习

一、选择题

1．Hive 数据存储位置是（　　）。

A．HBase　　B．HDFS　　C．Hadoop　　D．本地

2．用户定义数据格式需要指定的 3 个属性是（　　）。

A．列分隔符　　B．行分隔符　　C．间隔符　　D．读取文件数据的方法

3．下列不是非关系型数据库的是（　　）。

A．HBase　　B．Redis　　C．MySQL　　D．MongoDB

二、简答题

1．简述 Hive 和数据库的异同。

2．简述传统数据库遇到的问题。

3．简述 HBase 的优势。

第6章

分析大数据

任务1 透视数据分析

大数据的价值在于通过进行数据分析，提取大数据中隐含的数据或规律，从而提供有价值、有意义的建议，辅助制定正确的决策。数据分析帮助人类从结构复杂的、数据价值密度低的、数据高速产生的海量数据中抽取、提炼出价值高的信息，然后研究其数据的内部产生、影响等潜在规律。数据分析在生产、生活中的应用十分广泛。在产品的整个生命周期中，如果运用数据分析，则可以提高产品的质量、客户的满意度、生产效率等。

1. 数据分析的概念

数据分析是指通过收集、存储、清理、计算等过程获取数据中隐含的信息。也就是说，数据分析是建立数据分析模型，对数据进行核实、筛查、反复计算、判断等操作，将目标数据等理想情况与实际情况进行对比分析，发现内在规律的过程。

大数据具有数据量大、数据结构复杂、数据产生速度快、数据价值密度低等特点，这些特点大大增加了对数据进行有效分析的难度。严格来说，大数据分析更像一种策略，而非一种技术，其核心理念是使用更加快捷和有效的方法，对海量数据进行管理，发现其内部潜在的规律和特性，用于指导未知数据的发展趋势或得出可能的结论。在当今时代，数据分析不单单是一个数学问题，而是数学和计算机科学相结合的产物。

数据分析的主要用途包括：

（1）推测或解释数据，并确定如何使用数据。

（2）检查数据是否合法。

（3）给决策者提供合理化的建议。

（4）诊断或推测错误的原因。

（5）预测未来发展趋势或事态发展方向。

2. 数据分析的类型

根据不同的观点，数据分析可以分为不同的类型。

在统计学领域，可将数据分析分为探索性数据分析、验证性数据分析、描述性统计分析。其中，探索性数据分析侧重于在数据之中发现新的特征，而验证性数据分析侧重于对已有假设的证实或证伪。探索性数据分析是指为了形成值得假设的检验而对数据进行分析的一种方法，是对传统统计学假设检验手段的补充。该方法由美国著名的统计学家约翰·图基（John Tukey）命名。描述性统计是指运用制表和分类、图形及计算概括性数据来描述数据特征的各项活动。描述性统计分析要对调查总体所有变量的有关数据进行统计性描述，主要包括数据的频数分析、集中趋势分析、离散程度分析、分布及一些基本的统计图形。

在人类探索大自然的过程中，通常将数据分析分为定性分析和定量分析两种。定性分析是研究对象的“质”方面的分析，是依据预测者的主观判断分析能力来推断事物的性质和发展趋势的分析方法。具体地讲是运用归纳与演绎、分析与综合、抽象与概括等方法，对各种数据进行思维加工，从而去粗取精、去伪存真、由此及彼、由表及里，达到认识事物本质、揭示内在规律的目的。定性分析解决的是“有没有”“是不是”的问题，通过目标对象的特征及特征之间的关系来揭示数据本身的内在规律。定量分析是依据统计数据，建立数学模型，并运用数学模型计算出目标分析对象各项特征指标及其数值的分析方法。

按照数据量的大小，可将数据分析分为内存级数据分析、BI 级数据分析、海量级数据分析。内存级指的是数据量的大小不超过机器内存的最大值，通常在 TB 级之下。通常将一些较为热点的数据或数据库存储在内存当中，这样就可以获得非常快的分析速度。例如，将实时的业务数据存储在内存中进行数据分析而快速获得分析结果。BI 级是指相对于内存来说太大的数据量，一般将其放在专用的 BI 数据库中，例如，IBM 的 Cognos、Oracle 的 OBIEE、SAP 的 BO 等。海量级是前两者无法满足的更大的数据量，比如，PB 级、ZB 级或更高级别的数据量。

按照时效性，可将数据分析分为实时数据分析和离线数据分析。顾名思义，实时数据分析对时间的要求较高，通常要求在几秒、1 秒甚至微秒级别进行数据分析，从而得到分析结果，一般用于股票趋势、金融数据、交通导航等领域。离线数据分析对时间的要求较低，如日志数据分析、市场状态分析、岗位信息分析、房价趋势分析等可以采用这种分析方式。

按照数据分析深度，可将数据分析分为描述性数据分析、预测性数据分析、规则性数据分析。描述性数据分析基于历史数据描述发生了什么，是传统商务智能的主要应用领域，使用的技术主要有基于数据仓库的报表、多维联机分析处理等，通过各种查询了解业务中发生了什么，比如，本月某类商品的销售额是多少。预测性数据分析用于预测事情的发展趋势或未来发生的概率，采用各种统计方法及数据挖掘技术预测业务中的各个方面将要发生什么，比如，基于过去几年的时间序列销售数据预测明年将要实现的销售额。规则性数据分析用于辅助决策制定和提高分析效率，例如，利用仿真系统来分析了解系统行为并发现问题，通过优化技术在限定的约束条件下提出最优的解决方案。

任务 2　构建分析模型

子任务 1　厘清数据分析过程

数据分析过程就是通过收集数据、处理数据，从而发现数据内部潜在的规律，挖掘数据的潜在价值，帮助人们做出科学准确的判断，进一步提高生产效率的过程。数据分析过程大体分为 5 个阶段。

1．设计分析

数据分析的首要任务是进行设计分析。设计分析是指明确数据分析的目标、要达到的效果，确定分析的数据对象、获取方式或工具、分析方式，采用的逻辑思维，达到什么样的指标等。明确设计分析的思路是确保数据分析的目的有条不紊达成的先决条件，为后续过程把握方向。

2．数据获取

数据获取是指从数据的产生端收集数据并进行合理的存储，为进行数据分析做好准备。常用的数据获取方法有日志采集法，如使用 Hadoop 生态圈中的 Flume 和 Kafka 组件采集日志信息；Web 爬虫技术，用于采集 Web 应用程序上的数据；物联网传感器技术，用于采集图像、音频、视频、温度、湿度、光感、力学、距离等多种类型的数据。

3．数据处理

数据处理是指对采集到的数据进行加工整理，形成适合数据分析的样式，保证数据的一致性和有效性。它是在进行数据分析之前必不可少的阶段。

数据处理的目的是从大量的、杂乱无章的、难以理解的数据中抽取并推导出对解决问题有价值、有意义的数据。在进行数据分析的过程中，经常会遇到数据内容缺失、数据格式错误、数据重复、数据不准确、数据不完整、数据不一致等问题。如果数据本身存在错误，那么，即使采用先进的数据分析方法，得到的结果也是错误的，不具备任何参考价值，甚至还会误导决策。

数据处理主要包括数据清洗、数据转换、数据抽取、数据合并、数据计算等处理方法。在通常情况下，需要先对数据进行一定的处理，才能将其用于后续的数据分析工作，即使再“干净”的原始数据也需要先进行一定的处理才能使用。

4．数据分析

数据分析的主要目的是在上一阶段处理好的数据的基础上，建立数据分析模型，采用各类有效的数据挖掘算法，提取出有价值的信息，从而进行科学预测。通常采用的数据分析方法是机器学习。有关机器学习的算法有很多种，如 K-Means 聚类算法、朴素贝叶斯分类、决策树学习、线性回归算法等。现在进行大数据分析的核心在于数据挖掘，各种数据挖掘算法根据其对数据的要求和使用场景不同，在各个行业中发挥着重要作用。

5．数据的可视化

通过数据分析，发现了隐藏在数据内部的关系和规律。那么，通过什么方式展现出这些关系和规律，才能够更加直观呢？当然，使用图或表比使用文字更加直观。

常用的数据图表包括饼图、柱形图、条形图、折线图、散点图、雷达图等。也可以对这些图表进行加工，使之变为我们需要的图形，如金字塔图、矩阵图、瀑布图、漏斗图、帕雷托图等。

在大多数情况下，人们更愿意接受图形这种数据展现方式，因为它能更加有效、直观地传递出分析师所要表达的观点。在一般情况下，图的展示力大于表格的展示力，表格的展示力大于文字描述的展示力。作为决策者，更加愿意看到图的展示。

子任务2　数据机器学习模型

1．理解数据挖掘、机器学习、深度学习

1）数据挖掘

关于数据挖掘，不同的学者给出了不同的定义。一种比较全面的定义是，数据挖掘（Data Mining）就是从大量的、不完全的、有噪声的、模糊的、随机的实际应用数据中，提取隐含在其中的、人们事先不知道的、但又是潜在有用的信息和知识的过程。数据挖掘常用的算法有分类、聚类、回归分析、关联规则、特征分析、Web 页挖掘、神经网络等。

2）机器学习

机器学习（Machine Learning）是一门讨论各式各样的适用于不同领域问题的函数形式，以及如何使用数据有效地获取函数参数具体值的学科。从方法论的角度来看，机器学习是计算机基于数据构建概率统计模型，并运用模型对数据进行预测与分析的学科。

3）深度学习

深度学习是指机器学习中的一类函数，通常指的是多层神经网络。很多深度学习的算法是半监督式学习算法，用来处理存在少量未标识数据的大数据集。常用的算法有受限波尔兹曼机（Restricted Boltzmann Machine，RBM）、深度信念网络（Deep Belief Network，DBN）、卷积神经网络（Convolutional Neural Network，CNN）、堆栈式自动编码器（Stacked Auto-encoders）等。

2．机器学习模型的建立过程

1）模型选择

模型选择是指根据数据的具体情况来选择合适的算法设计模型。根据历史数据中的结果是离散的还是连续的，选择分类算法或回归算法。比如，房价、气温、销售额等都是连续值，这是一种回归问题。又如，图像的分类、疾病的监测结果等都是离散值，这是一种分类问题。选择合适的模型有助于获得合理的分析结果。当然，离散值和连续值之间可以通过其他手段进行转换。以房价预测为例，房价的影响因素有很多，比如房屋状况、地段、市场行情、面积、房龄等。为了简单起见，选取房屋面积和房龄来说明房价和这两个因素之间的关系。我们选用线性回归算法。

我们限定如下参数。

x_1：房龄。

x_2：房屋面积。

γ：房屋预测价格。

y：房屋真实价格。

w_1：房龄的权重。

w_2：房屋面积的权重。

b：偏差。

根据线性回归算法，可以建立以下模型：

$$\gamma = w_1 x_1 + w_2 x_2 + b$$

2）模型训练

模型训练的一个重要元素就是训练数据集。在通常情况下，使用一系列的历史真实数据作为训练数据集。训练数据集中的每条数据称为一个**样本**，训练数据集中的结果称为**标签**，训练数据集中的每个元素称为**特征**。同样以房价预测为例，我们收集大量的房屋出售的真实价格及对应的房屋面积和房龄，并将这些数据作为训练数据集。其中，每套房屋的信息就是一个样本，房屋面积和房价就是特征。

假设采集的样本为 n，第 i 个样本的特征为 $x_1^{(i)}, x_2^{(i)}$，标签为 $y^{(i)}$，那么第 i 套房屋的预测价格为

$$\gamma^{(i)} = w_1^{(i)} x_1^{(i)} + w_2^{(i)} x_2^{(i)} + b$$

模型训练的目的是通过大量的历史真实数据得到一组 w_1^*, w_2^*, b^*，能够使预测值更加接近准确值。我们常用一个函数作为准确值与预测值之间的误差，这个函数称为**损失函数**。**损失函数计算出来的值越小，说明预测值越接近真实值，从而说明训练模型越好**。我们常常采用平方差作为损失函数。在此例中，第 i 个样本的误差可以表示为

$$\ell^{(i)}(w_1, w_2, b) = \frac{1}{2}\left(\gamma^i - y^i\right)^2$$

其中，$\frac{1}{2}$ 是为了在求导的时候能够和平方相互抵消，从而简化计算。我们经常使用样本中所有误差的和作为评价训练模型质量的依据。

在本例中，训练模型的误差和为

$$\ell(w_1,w_2,b)=\frac{1}{n}\sum_{i=1}^{n}\ell^{(i)}(w_1,w_2,b)=\frac{1}{n}\sum_{i=1}^{n}\frac{1}{2}(\gamma^i-y^i)^2=\frac{1}{n}\sum_{i=1}^{n}\frac{1}{2}\left(w_1^{(i)}x_1^{(i)}+w_2^{(i)}x_2^{(i)}+b-y^i\right)^2$$

3）模型预测

模型训练结束后，将得出一组 $w_1^\wedge, w_2^\wedge, b^\wedge$。该解不一定是最小误差的最优解，却是最优解的一个近似值。这样，我们就可以用这个训练之后的模型去预测未来的房价，这个模型称为预测模型。

$$\gamma=w_1^\wedge x_1+w_2^\wedge x_2+b^\wedge$$

3．机器学习算法的分类

按照学习方式，可将机器学习算法分为监督学习、无监督学习、半监督学习、强化学习 4 种，主要代表算法如表 6-1 所示。

表 6-1　机器学习算法的分类

类　别	常用算法	说　明
监督学习	决策树学习（ID3、C4.5 等） 朴素贝叶斯分类 最小二乘回归 逻辑回归 支持向量机 集成方法 反向传递神经网络	对有标识的数据进行建模、训练、预测
无监督学习	奇异值分解 主成分分析 独立成分分析 Apriori 算法 K-Means 聚类算法	对没有标识的数据进行建模
半监督学习	常用监督学习算法的延伸	先对没有标识的数据进行建模，在此基础上再对有标识的数据进行预测
强化学习	Q-Learning 时间差学习	在强化模型下，输入数据直接反馈到模型，模型必须对此立刻做出调整。 应用场景：动态系统及机器人控制等

任务 3　运用大数据分析算法分析数据

首先了解一个比较重要的库 Scikit-Learn，它是 Python 的一个开源机器学习模块，建立在 NumPy、SciPy 和 matplotlib 模块之上，能够为用户提供各种机器学习算法接口，可以让用户简单、高效地进行数据挖掘和数据分析。Scikit-Learn 库支持的算法如下：

（1）分类。分类是指识别给定对象的所属类别，属于监督学习的范畴，常见的应用场景包括垃圾邮件检测和图像识别等。目前 Scikit-Learn 库已经实现的算法包括支持向量机、K-近邻、逻辑回归、随机森林、决策树学习及多层感知器等。

（2）回归。回归是指预测与给定对象相关联的连续值属性，常见的应用场景包括预测药物反应和股票价格等。目前 Scikit-Learn 库已经实现的算法包括支持向量回归、脊回归、Lasso 回归、弹性网络、最小角回归、贝叶斯回归及各种不同的鲁棒回归算法等。

（3）聚类。聚类是指自动识别具有相似属性的给定对象，并将其分组为集合，属于无监督学习的范畴，最常见的应用场景包括顾客细分和试验结果分组。目前 Scikit-Learn 库已经实现的算法包括 K-均值聚类、谱聚类、均值偏移、分层聚类、DBSCAN 聚类等。

（4）数据降维。数据降维是指采用主成分分析、非负矩阵分解或特征选择等降维技术来减少要考虑的随机变量的个数，常见的应用场景包括可视化处理和效率提升。

（5）模型选择。模型选择是指对于给定参数和模型的比较、验证和选择，其主要目的是通过参数调整来提升精度。目前 Scikit-Learn 库已经实现的算法包括格点搜索、交叉验证和各种针对预测误差评估的度量函数。

（6）数据预处理。数据预处理是指数据的特征提取和归一化，是机器学习过程中的第一个也是最重要的环节。这里的归一化是指将输入数据转换为具有零均值和单位权方差的新变量，但因为在大多数时候做不到精确到 0，因此会设置一个可接受的范围，一般为 0～1。而特征提取是指将文本或图像数据转换为可用于机器学习的数字变量。

在进行数据分析前，需要为 IDLE 安装 Scikit-Learn 库。安装 Scikit-Learn 库需要使用如下命令：

```
pip install numpy
pip install scipy
pip install sklearn
```

接下来以鸢尾花的数据为例，通过 K-Means 聚类算法、线性回归算法、决策树学习等算法来讲解常见的数据分析及实现。

子任务 1　运用 K-Means 聚类算法分析数据

1．聚类分析

聚类分析是指在对象数据中发现对象之间的关系。一般来说，组内相似性越高，组间相似性越小，聚类的效果越好。聚类分析将大量数据划分为性质相同的子类，便于了解数据的分布情况。因此，它广泛应用于模式识别、图像处理、数据压缩等领域。例如：

在市场分析中，聚类分析能够帮助决策者识别具有不同特征的客户群，以及各客户群的行为特征。

在生物工程研究中，聚类分析能够用于推导动植物的分类，按照功能对基因进行划分，并获取种群中的固有结构特征。

在非关系型数据库领域（如空间数据库领域），聚类分析能够识别具有相同地理特征的区域，以及该区域中的环境和人的特征。

在 Web 信息检索领域，聚类分析能够对 Web 文档进行分类，提高检索效率。

2．K-Means 聚类算法简介

K-Means 聚类算法源于信号处理中的一种向量量化方法，现在更多地作为一种聚类分析方法流行于数据挖掘领域。该算法的目的是：把 n 个点划分到 K 个聚类中，使得每个点都属于离它最近的均值（聚类中心或类中心）对应的聚类，以之作为聚类的标准。

K-Means 是发现给定数据集的 K 个簇的聚类算法。之所以称之为 K-Means，是因为它可以发现 K 个不同的簇，且每个簇的中心采用簇中所含值的均值计算而成。簇个数 K 是由用户指定的，每个簇通过其质心（Centroid），即簇中所有点的中心来描述。聚类与分类算法的最大区别在于，分类的目标类别已知。K-Means 聚类算法是一种无监督学习，它会将相似的对象归到同一类中。

K-Means 聚类算法的思想如下：

（1）随机计算 K 个类中心作为起始点。

（2）将数据点分配到离其最近的类中心。

（3）移动类中心使计算距离更近。

（4）重复步骤（2）、（3）直至类中心不再改变，或者达到限定的迭代次数。

如图 6-1 所示为 K=2 时的 K-Means 示意图，图中用圆圈圈起来的两个点就是我们要训练找到的质心。

图 6-1　K=2 时的 K-Means 示意图

3. K-Means 聚类算法应用实例

如图 6-2 所示是鸢尾花的结构图。Iris 也称鸢尾花卉数据集，是一类多重变量分析的数据集。通过花萼长度、花萼宽度、花瓣长度、花瓣宽度 4 个属性预测鸢尾花卉属于 Setosa、Versicolor、Virginica 3 个种类中的哪一类。

山鸢尾花（Iris Setosa）　　变色鸢尾花（Iris Versicolor）　　维吉尼亚鸢尾花（Iris Virginica）

图 6-2　鸢尾花的结构图

在 sklearn.datasets 中包含 150 条鸢尾花的数据，包括花萼长度、花萼宽度、花瓣长度、花瓣宽度、所属类别 5 个元素。在本例中选取花瓣长度和花瓣宽度两个特征，使用 K-Means 聚类算法进行模型训练，实现通过花瓣长度预测花瓣宽度。

具体步骤如下。

（1）导入所需要的包。

```
import matplotlib.pyplot as plt                  #加载图形化包
import numpy as np
from sklearn.cluster import KMeans               #加载K-Means聚类算法
from sklearn.datasets import load_iris           #加载鸢尾花卉数据集
```

（2）建立鸢尾花卉数据集。

```
iris = load_iris()
X = iris.data[:] #加载鸢尾花的特征
```

（3）查看数据集的内容。

```
print(X)
```

输出结果如下（4 个维度：花萼长度、花萼宽度、花瓣长度、花瓣宽度）：

```
[[5.1 3.5 1.4 0.2]
 [4.9 3.  1.4 0.2]
 [4.7 3.2 1.3 0.2]
 [4.6 3.1 1.5 0.2]
 [5.  3.6 1.4 0.2]
 [5.4 3.9 1.7 0.4]
 [4.6 3.4 1.4 0.3]
 [5.  3.4 1.5 0.2]
 [4.4 2.9 1.4 0.2]
 [4.9 3.1 1.5 0.1]
 [5.4 3.7 1.5 0.2]
 [4.8 3.4 1.6 0.2]
 [4.8 3.  1.4 0.1]
 [4.3 3.  1.1 0.1]
 [5.8 4.  1.2 0.2]
…                ]
```

（4）绘制鸢尾花原始数据散点图。

```
plt.scatter(X[:, 0], X[:, 1], c = "blue", marker='o', label='demo')
plt.xlabel('petal length')
plt.ylabel('petal width')
plt.legend(loc=3)
plt.show()
```

绘制结果如图 6-3 所示。

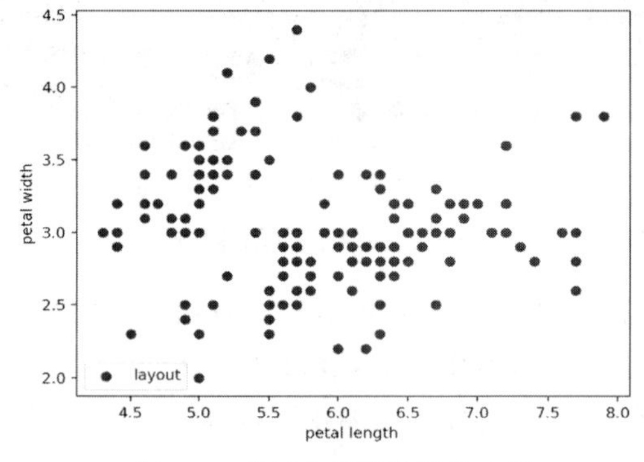

图 6-3　鸢尾花原始数据散点图

（5）调用聚类方法。

```
estimator = KMeans(n_clusters=3)#使用 K=3 的 K-Means 聚类算法
estimator.fit(X)#训练
```

（6）绘制鸢尾花训练后的数据散点图。

```
lbl _pred = estimator.labels_
x0 = X[lbl_pred == 0]
x1 = X[lbl _pred == 1]
x2 = X[lbl _pred == 2]
plt.scatter(x0[:, 0], x0[:, 1], c = "red", marker='o', label='class0')
plt.scatter(x1[:, 0], x1[:, 1], c = "green", marker='*', label='class1')
plt.scatter(x2[:, 0], x2[:, 1], c = "blue", marker='+', label='class2')
plt.xlabel('petal length')
plt.ylabel('petal width')
plt.legend(loc=3)
plt.show()
```

绘制结果如图 6-4 所示。

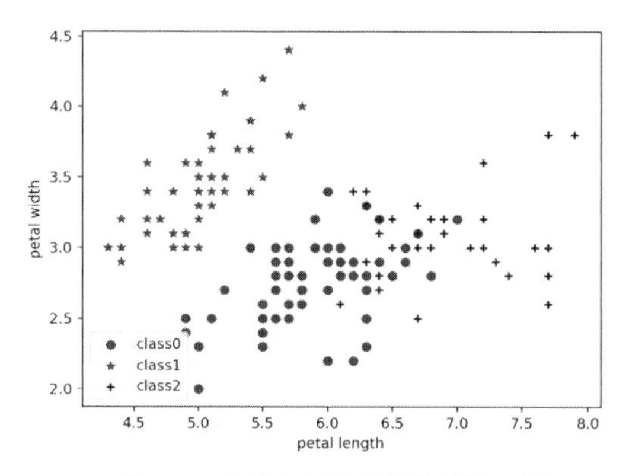

图 6-4　鸢尾花训练后的数据散点图

（7）显示质心和损失结果。

```
#显示聚类的质心
centroids =estimator.cluster_centers_
print(u"质心: ",centroids)
#也可以看成损失，也就是样本距其最近样本的平方总和
inertia = estimator.inertia_
print(u"损失: ",inertia)
```

运行结果如下：

```
质心:
[[5.9016129  2.7483871  4.39354839 1.43387097]
 [5.006      3.428      1.462      0.246     ]
 [6.85       3.07368421 5.74210526 2.07105263]]
损失:  78.85144142614601
```

子任务 2　运用线性回归算法分析数据

1. 什么是回归

对于一个算法函数，传入一些参数作为输入，函数计算出的结果就是输出。如果输出的结

果是连续的值，那么这个函数就是回归问题。如果输出的结果不是连续的值，而是离散的值，那么这个函数就是分类问题。什么是连续的值和离散的值呢？以房价为例，如果让大家评估 40m^2 房子的价格，那么大家可能会估价 500 万元、500.1 万元、510.2 万元等，这种数字就是连续的。如果让大家评估 40m^2 的房子能够划分为几个房间，那么大家可能会评估为 1 间、2 间、3 间、4 间等，而不会出现 1.1 间、1.2 间等，这种数字就是离散的。

2．什么线性

我们在初中学习过直线方程，直线方程的表达式为：

$$y = kx + b$$

直线方程式几何图如图 6-5 所示。

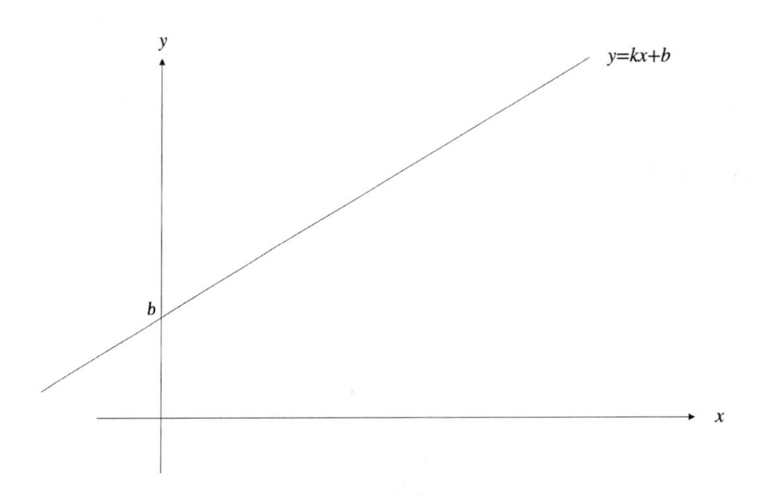

图 6-5　直线方程式几何图

只要确定了 k 和 b 的值，就可以画出唯一的一条直线。再给定一个 x 的值，就可以唯一确定 y 的值。这条直线就是我们所说的线性。同理，如果是一个三维的图形，则可以使用如下表达式：

$$y = w_1x_1 + w_2x_2 + b$$

该表达式对应的就是三维空间里的一个线性面，如图 6-6 所示。

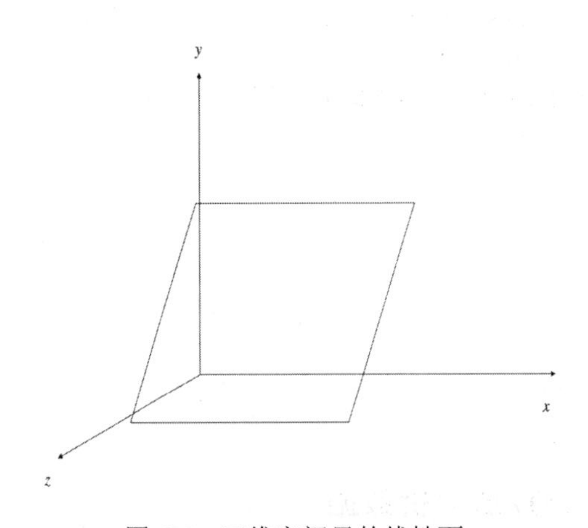

图 6-6　三维空间里的线性面

以此类推，可以得出 N 维的线性表达式为：

$$y = w_1x_1 + w_2x_2 + \cdots + w_nx_n + b$$

以二维的线性表达式为例，阐述线性回归的含义。有一个由(x,y)组成的数据集，我们试图找出一个表达式，$y = kx + b$ 能够尽量模拟出这个数据集的规律。可以通过不同的 k 和 b 的值来确定。其图形表达如图 6-7 所示。

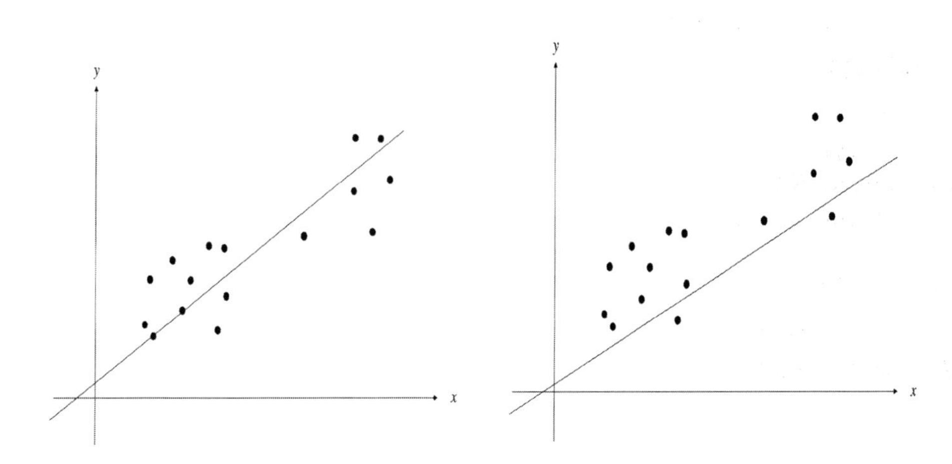

图 6-7 二维线性回归示意图

那么，怎么确定哪条直线更接近数据集的规律呢？通过计算数据集中的所有点到这条直线的距离之和作为一个评判标准。如果存在一个表达式 $y\text{^}=k\text{^}x+b\text{^}$，可以更加贴近所有数据集的结果，那么我们就使用这个确定了 k^和 b^的表达式作为预测模型。线性回归就是在 N 维空间内通过大量数据的训练找到一个线性拟合的表达式作为预测模型。

3. 线性回归算法应用实例

同样使用鸢尾花卉数据集实现通过花瓣长度预测花瓣宽度，在此使用线性回归算法进行预测。具体步骤如下。

（1）导入所需要的包。

```
    import pandas as pd
    import matplotlib.pyplot as plt
    import numpy as np
    from sklearn.linear_model import LinearRegression
    from sklearn.datasets import load_iris
```

（2）获取数据源。

```
    #获取鸢尾花的数据
    iris = load_iris()
    irisdata = iris.data[:] #加载数据内容
    iristarget = iris.target#加载花的类别
```

（3）数据选择。

```
    irisdataset = np.insert(irisdata, 4, values=iristarget, axis=1)
    irisdataset = pd.DataFrame(irisdataset)
    irisdataset.columns = ['sepal-length', 'sepal-width', 'petal-length', 'petal-
width', 'class']
    #获取花瓣的长和宽，将数据从 Series 类型转换为 ndarray 类型
    x = irisdataset ['petal-length'].values
```

```
y = irisdataset ['petal-width'].values
x = x.reshape(len(x),1)
y = y.reshape(len(y),1)
```

（4）调用线性回归方法。

```
#调用线性回归方法
clf = LinearRegression()
```

（5）训练数据集。

```
#训练数据集
clf.fit(x,y)
#把 x 作为输入，预测 y
pre = clf.predict(x)

#打印出原始数据
plt.scatter(x,y,s=100)
```

原始结果如图 6-8 所示。

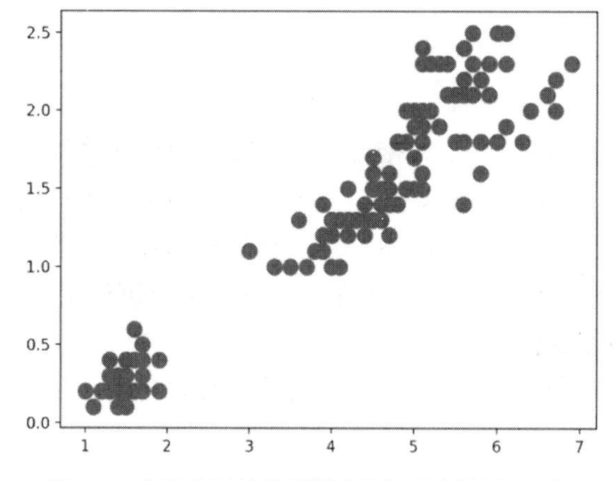

图 6-8　鸢尾花原始数据散点图（花瓣的长和宽）

```
#打印出预测结果
plt.plot(x,pre,'r-',linewidth=4)
```

线性回归预测结果散点图如图 6-9 所示。

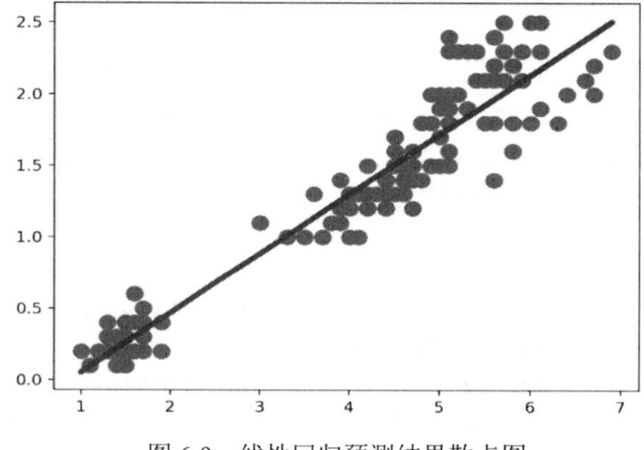

图 6-9　线性回归预测结果散点图

```
#计算差值
for idx, m in enumerate(x):
    plt.plot([m,m],[y[idx],pre[idx]], 'g-')
plt.show()
```

带差值的线性回归预测结果散点图如图 6-10 所示。

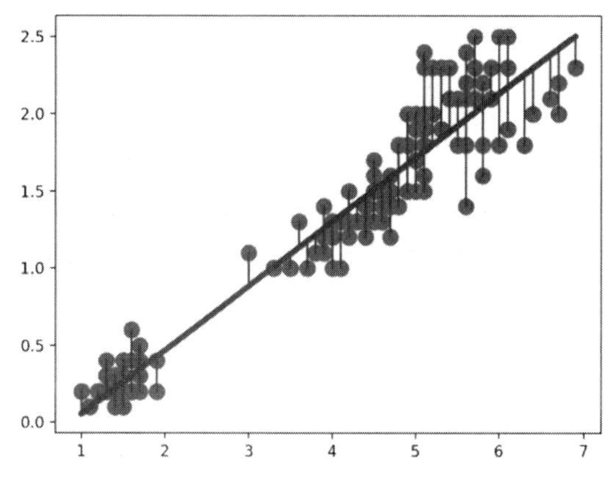

图 6-10　带差值的线性回归预测结果散点图

计算这个线性函数的系数（*k*）、截距（*b*）和误差。代码如下：

```
print(u"系数：", clf.coef_ )
print(u"截距：", clf.intercept_ )
print(u"误差：",np.mean(y-pre)**2 )
```

输出结果如下：

```
系数：  [[0.41575542]]
截距：  [-0.36307552]
误差：  1.013248007150544e-32
```

子任务 3　运用决策树算法分析数据

1. 决策树算法简介

决策树是一个属性结构的预测模型，代表对象属性和对象值之间的一种映射关系。它由节点和有向边组成。其节点有两种类型：内节点和叶节点。内节点表示一个特征或属性，叶节点表示一个类。决策树算法的本质是从训练数据集中归纳出一组分类规则，得到与数据集矛盾较小的决策树。决策树算法的损失函数通常是正则化的极大似然函数，通常采用启发式方法，近似求解这一最优化问题。

决策树算法通常包含 3 个步骤：特征选择、决策树的生成与决策树的剪枝。决策树表示的是一个条件概率分布，所以深浅不同的决策树对应着不同复杂程度的概率模型。决策树的生成对应着模型的局部选择（局部最优），决策树的剪枝对应着模型的全局选择（全局最优）。

决策树算法的目的是通过对大量原始数据进行训练，得到一个决策模型，从而实现分类或回归。当建立决策树后，对以后的数据可以从根节点开始，对实例的某一特征进行测试，根据测试结果将实例分配到其子节点，此时每个子节点对应着该特征的一个取值，如此递归地对实例进行测试并分配，直到到达叶节点，最后将实例分配到叶节点的类中。决策树示意图如图 6-11 所示，原点代表内节点，方框代表叶节点。

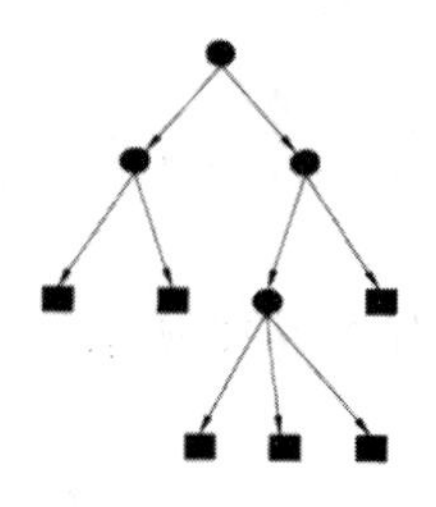

图 6-11　决策树示意图

2．决策树算法应用实例

同样使用鸢尾花卉数据集作为数据来源，利用鸢尾花的 4 个特征和鸢尾花的类别作为训练数据集来训练决策树模型，之后将该模型用于对新数据集的预测。具体代码如下：

```
    from sklearn.datasets import load_iris
    from sklearn.tree import DecisionTreeClassifier
    import numpy as np
    import pandas as pd
    import matplotlib.pyplot as plt
    iris = load_iris()
    clf = DecisionTreeClassifier()
    clf.fit(iris.data, iris.target)
    predicted = clf.predict(iris.data)

    irisdataset = np.insert(iris.data, 4, values=iris.target, axis=1)
    irisdataset = pd.DataFrame(irisdataset)
    irisdataset.columns = ['sepal-length', 'sepal-width', 'petal-length',
'petal-width', 'class']

    #获取花卉两列数据集
    L1 = irisdataset['sepal-length'].values
    L2 = irisdataset['sepal-width'].values

    plt.scatter(L1, L2, c=predicted, marker='x')
    plt.title("Decision Tree")
    plt.show()
```

决策树预测结果图如图 6-12 所示。

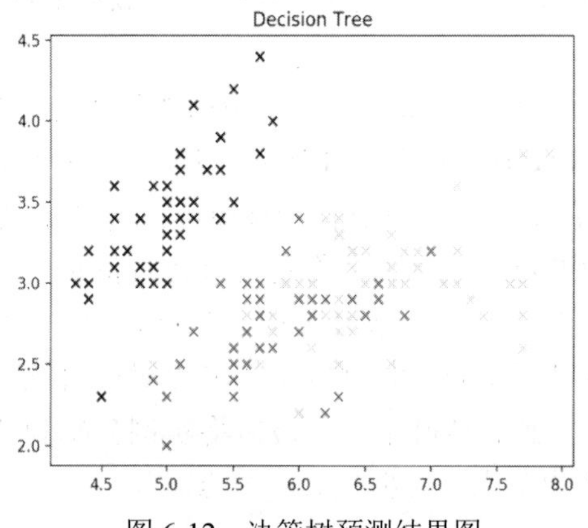

图 6-12　决策树预测结果图

将 iris.data 的 70%用于训练，30%用于预测，然后进行优化，输出准确率、召回率等数值。优化后的完整代码如下：

```
from sklearn.tree import DecisionTreeClassifier
from sklearn.model_selection import train_test_split
from sklearn import metrics
from sklearn.datasets import load_iris
import matplotlib.pyplot as plt
iris = load_iris()

x_train,x_test,y_train,y_test = train_test_split(iris.data,iris.target,
test_size=0.3)
clf = DecisionTreeClassifier()
clf.fit(x_train,y_train)
predict_target = clf.predict(x_test)

L1 = [n[0] for n in x_test]
L2 = [n[1] for n in x_test]
plt.scatter(L1,L2, c=predict_target,marker='x')
plt.title('DecisionTreeClassifier')
plt.show()
#预测结果与真实结果对比
print(u"预测值和真实值相同个数：",sum(predict_target == y_test))
print(u"分类报告",metrics.classification_report(y_test,predict_target))
print(u"模型评估之混淆矩阵:",metrics.confusion_matrix(y_test,predict_target))
```

优化后的决策树结果图如图 6-13 所示。

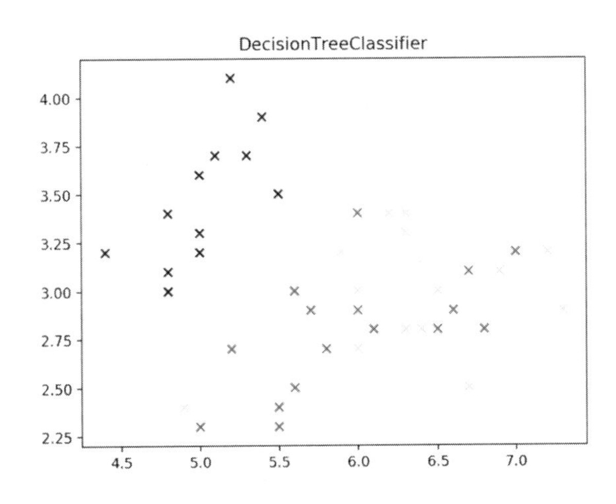

图 6-13 优化后的决策树结果图

运行结果如下：

```
预测值和真实值相同个数： 43
分类报告
 precision    recall  f1-score   support

          0       1.00      1.00      1.00        16
          1       1.00      0.86      0.92        14
```

```
           2       0.88      1.00      0.94       15

    accuracy                           0.96       45
   macro avg       0.96      0.95      0.95       45
weighted avg       0.96      0.96      0.96       45

模型评估之混淆矩阵:
[[16  0  0]
 [ 0 12  2]
 [ 0  0 15]]
```

课后练习

一、简答题

1. 数据分析的主要用途是什么？
2. 简述数据分析过程。
3. 如何理解数据挖掘、机器学习、深度学习？
4. 简述机器学习模型的建立过程。
5. 简述 K-Means 聚类算法、线性回归算法、决策树算法的含义。

二、编程题

1. 使用鸢尾花卉数据集，利用线性回归算法实现根据鸢尾花的花萼长度预测花萼宽度。
2. 使用 K-Means 聚类算法对前面章节收集到的电影信息进行聚类（任选属性或特征）。

第7章

可视化大数据

重点提示

学习本章内容，请您带着如下问题：
（1）数据可视化需要怎样的数据？
（2）数据可视化可以运用在什么地方？
（3）如何才能绘制出好看的图形？

本章主要介绍大数据可视化框架 pyecharts 的基本概念、常用的可视化图形工具及其使用方法和案例。

任务1　洞察 pyecharts 库

通常想要更直观地表达数据，会使用图或表的形式。下面简单介绍一下在 pyecharts 库中如何使用图和表，以及图和表的优劣势有哪些。

使用图表达数据很直观，且容易理解。但是，图只有这么大，无法提供更多的数据证明，如果数据不准确，则很容易得出错误的结论。

表则恰恰相反，可以在表中看到很多数据，通过分析可以看出数据的异常。但是，表的阅读量太大，结构太过复杂，阅读花费的时间太多，不太直观。

因此，只有结合两者的优点，才能够实现我们想要的效果：既能更直观地看到结论，又能尽可能地获取数据信息。

pyecharts 是一个用于生成 ECharts 图表的库，生成的文件采用 HTML 形式。它是一个动态库，可以用来绘制很多高端图表。

pyecharts 支持 Python 2.7 和 Python 3.5 及以上版本。如果使用的是 Python 2.7 版本，那么，为了不出现中文乱码，在使用之前需要先声明字符编码。代码如下：

```
#coding=utf-8
from __future__import Unicode_literals
```

使用 pip 方式安装 pyecharts，建议先安装 Anaconda，然后在 Anaconda Prompt（在 anaconda 文件里有一个黑色的小方框）中输入如下命令（见图 7-1）：

```
pip install pyecharts
```

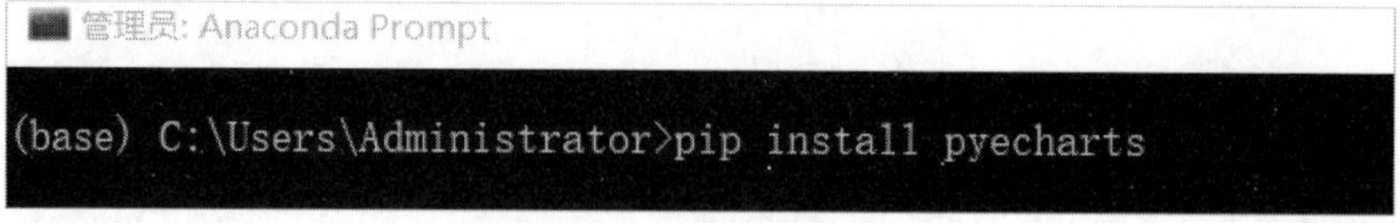

```
管理员: Anaconda Prompt

(base) C:\Users\Administrator>pip install pyecharts
```

图 7-1　安装 pyeharts

使用 git 方式安装 pyecharts，代码如下：

```
git clone https://github.com/pyecharts/pyecharts.git
cd pyecharts
pip install -r requirements.txt
python setup.py install
```

下面利用 pyecharts 库进行图形初始化，也就是确定要用什么样的图形，并且设置这些图形的各个参数。

bar=Bar(参数)，使用 Bar 类的构造函数及其定义的参数，初始化为指定样式的条形图。具体参数描述如下。

- title：主标题文本，默认值为' '。
- subtitle：副标题文本，默认值为' '。
- Width：画布宽度，默认值为 800px。
- Height：画布高度，默认值为 400px。
- title_pos：标题距页面容器左侧的距离，可选参数有'auto'、'left'（默认）、'right'、'center'，也可为百分比或整数。
- title_top：标题距页面容器顶部的距离，可选参数有'top'（默认）、'middle'、'bottom'，也可为百分比或整数。
- title_color：主标题文本颜色，默认值为'#000'。
- subtitle_color：副标题文本颜色，默认值为'#aaa'。
- title_text_size：主标题文本字体大小，默认值为 18px。
- subtitle_text_size：副标题文本字体大小，默认值为 12px。
- background_color：画布背景颜色，默认值为'#fff '。
- page_title：指定生成的 HTML 文件中<title>标签的值，默认值为'Echarts'。
- renderer：指定渲染方式，可选参数有 'svg'和'canvas'。如果使用 3D 图形，则只能使用'canvas'渲染方式。
- is_animation：是否开启动画，默认值为 True。

任务 2　活用可视化

子任务 1　活用柱状图/条形图（Bar）

柱状图/条形图通过柱形的高度或条形的宽度来表现数据的大小。在这里将详细讲解一下柱状图，其他图形的很多用法跟柱状图的用法是类似的。先编写如下代码，来绘制柱状图。

```
from pyecharts import Bar#先确定要绘制什么图形
bar=Bar("我的第一个图表","这里是副标题")#定义一个对象
bar.add("服装",["衬衫","羊毛衫","雪纺衫","裤子","高跟鞋","袜子"],
    [5, 20, 36, 10, 75, 90])
```

```
bar.print_echarts_options ()
bar.render ()
```

可以在根目录下找到 render.html 文件，单击界面右侧的下载按钮将该文件下载到本地，结果如图 7-2 所示。

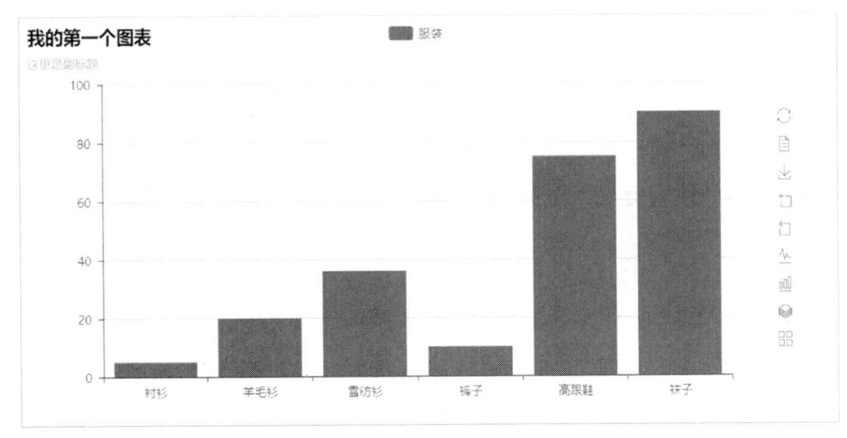

图 7-2　柱状图（一）

根据生成的柱状图，可以得到如下结论。

pyecharts 常用的方法如表 7-1 所示。

表 7-1　precharts 常用的方法

方　法	说　明
add()	添加图表数据和设置配置项
show_config()和 print_echarts_options()	打印输出图表的所有配置项
render()	默认会在根目录下生成一个 render.html 文件。该方法支持 path 参数，用于设置文件的保存位置，如 render(r "e:\my_first_chart.html")。该文件可用浏览器打开

pyecharts 图形通用配置如表 7-2 所示。

表 7-2　pyecharts 图形通用配置

属　性	说　明
xyAxis	笛卡儿坐标系中的 x、y 轴（Line、Bar、Scatter、EffectScatter、Kline）
dataZoom	dataZoom 组件用于区域缩放查看，从而能自由关注详细的数据信息，或者概览数据整体，或者去除离群点的影响（Line、Bar、Scatter、EffectScatter、Kline、Boxplot）
legend	图例组件，展示了不同系列的标记（symbol）、颜色和名字。可以通过单击图例控制哪些系列不显示
label	图形上的文本标签，可用于说明图形的一些数据信息，如值、名称等
lineStyle	带线条图形的线条的风格选项（Line、Polar、Radar、Graph、Parallel）
grid3D	3D 笛卡儿坐标系组配置项，适用于 3D 图形（Bar3D、Line3D、Scatter3D）
axis3D	3D 笛卡儿坐标系 x、y、z 轴配置项，适用于 3D 图形（Bar3D、Line3D、Scatter3D）
visualMap	视觉映射组件，用于视觉编码，也就是将数据映射到视觉元素
markLine&markPoint	图形标记组件，用于标记指定的特殊数据，有标记线和标记点两种（Bar、Line、Kline）
tooltip	提示框组件，用于移动或单击鼠标时弹出数据内容

通用配置项均在 add()方法中进行设置，下面介绍一些常用的属性配置。

（1）xyAxis：笛卡儿坐标系中的 *x*、*y* 轴。具体参数如下。

- is_convert：是否交换 *x* 轴与 *y* 轴。
- is_xaxislabel_align：*x* 轴刻度线和标签是否对齐，默认值为 False。
- is_yaxislabel_align：*y* 轴刻度线和标签是否对齐，默认值为 False。
- is_xaxis_show：是否显示 *x* 轴。
- is_yaxis_show：是否显示 *y* 轴。
- is_splitline_show：是否显示 *y* 轴网格线，默认值为 True。

以下都是 x_axis 轴数据项集合的属性名，y_axis 同理。

- xaxis_margin：*x* 轴刻度标签与轴线之间的距离，默认值为 8px。
- xaxis_name：*x* 轴名称。
- xaxis_name_size：*x* 轴名称字体大小，默认值为 14px。
- xaxis_name_gap：*x* 轴名称与轴线之间的距离，默认值为 25px。
- xaxis_name_pos：*x* 轴名称位置，可选参数有'start'、'middle'、'end'。
- xaxis_pos：*x* 轴位置，可选参数有'top'和'bottom'。
- xaxis_label_textsize：*x* 轴标签字体大小，默认值为 12px。
- xaxis_label_textcolor：*x* 轴标签字体颜色，默认值为"#000"。
- xaxis_line_color：*x* 轴线的颜色，默认值为 None。
- xaxis_line_width：*x* 轴线的宽度，默认值为 1px。

下面通过一个例子来介绍 xyAxis 属性的使用方法，后续的通用配置项与之类似。代码如下：

```
from pyecharts import Bar
bar = Bar("手机品牌数量", "实例")
bar.add("品牌", ["Apple", "小米", "三星","华为","锤子","vivo","OPPO","魅族"], [ 20, 36, 18,10,15,19,60,50],is_convert=True,is_xaxis_show=True,xaxis_name='我是 x 轴')
bar.render()
```

从上述代码中可以看出，在 add()方法中加入了 xyAxis 相应的参数，从而达到了相应的效果。运行结果如图 7-3 所示。

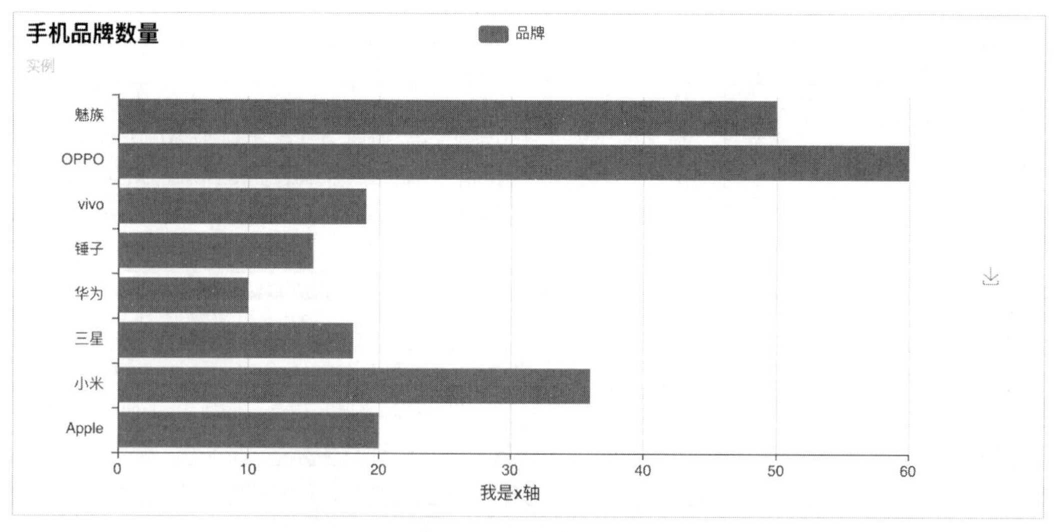

图 7-3　柱状图（二）

（2）dataZoom：dataZoom 组件用于区域缩放查看。具体参数如下。

- is_datazoom_show：是否使用区域缩放组件，默认值为 False。
- datazoom_type：区域缩放组件的类型，可选参数有'slider'（默认）、'inside'、'both'。
- datazoom_range：区域缩放的范围，默认值为[50, 100]。
- datazoom_orient：dataZoom 组件在笛卡儿坐标系中的方向。如果设置为'vertical'，则效果显示在 y 轴。默认效果显示在 x 轴（'horizontal'）。
- is_datazoom_extra_show：是否使用额外区域缩放组件，默认值为 False。
- datazoom_extra_type：额外区域缩放组件的类型，可选参数有'slider'（默认）、'inside'、'both'。
- datazoom_extra_range：额外区域缩放的范围，默认值为[50, 100]。

（3）legend：图例组件，展示了不同系列的标记（symbol）、颜色和名字，可以通过单击图例控制哪些系列不显示。具体参数如下。

- is_legend_show：是否显示顶端图例，默认值为 True。
- legend_orient：图例列表的布局朝向，可选参数有'horizontal'（默认）和'vertical'。
- legend_pos：图例组件距页面容器左侧的距离，可选参数有'left'、'center'（默认）、'right'，也可以为百分比。
- legend_top：图例组件距页面容器顶部的距离，可选参数有'top'（默认）、'center'、'bottom'，也可以为百分比。
- legend_text_size：图例名称字体大小。
- legend_text_color：图例名称字体颜色。

（4）label：图形上的文本标签，可用于说明图形的一些数据信息。具体参数如下。

- is_label_show：是否正常显示标签，默认值为 False。
- is_label_emphasis：是否高亮显示标签，默认值为 True。
- label_pos：标签的位置，可选参数有'top'、'left'、'right'、'bottom'、'inside'、'outside'。
- label_emphasis_pos：高亮标签的位置，可选参数有'top'、'left'、'right'、'bottom'、'inside'、'outside'。
- label_text_color：标签字体颜色，默认值为"#000"。
- label_emphasis_textcolor：高亮标签字体颜色，默认值为"#fff"。
- label_text_size：标签字体大小，默认值为 12px。
- label_emphasis_textsize：高亮标签字体大小，默认值为 12px。
- is_random：是否随机排列颜色列表，默认值为 False。
- label_color：自定义标签颜色，可以使用数组的形式。

（5）lineStyle：带线条图形的线条的风格选项。具体参数如下。

- line_width：线条的宽度，默认值为 1px。
- line_opacity：线条的透明度，取值范围为 0～1 之间的浮点数，默认值为 1。
- line_curve：线条的完全程度，取值范围为 0～1，0 为完全不弯曲，1 为最弯曲，默认值为 0。
- line_type：线条的类型，可选参数有'solid'（默认）、'dashed'、'dotted'。
- line_color：线条的颜色。

（6）visualMap：视觉映射组件，用于视觉编码，也就是将数据映射到视觉元素。具体参数如下。

- is_visualmap：是否使用视觉映射组件。
- visual_type：指定组件映射方式，默认值为'color'，即通过颜色来映射数值。还可以为'size'，即通过图形点的大小来映射数值。
- visual_range：指定组件的允许范围，默认值为[0, 100]。
- visual_text_color：两端文本颜色。
- visual_range_text：两端文本的范围大小，默认值为['low', 'hight']。
- visual_range_color：过渡的颜色，默认值为['#50a3ba', '#eac763', '#d94e5d']。
- visual_range_size：数值映射的范围，也就是图形点大小的范围，默认值为[20, 50]。
- visual_orient：组件条的方向，可选参数有'vertical'（默认）和'horizontal'。
- visual_pos：组件条距页面容器左侧的距离，可选参数有'left（默认）'、'center'、'right'。
- visual_top：组件条距页面容器顶部的距离，可选参数有'top'（默认）、'center'、'bottom'，也可为百分比或整数。
- visual_split_number：分段型中分割的段数，在设置为分段型时生效，默认值为 5。
- is_calculable：是否显示拖拽用的手柄（手柄能拖拽调整选中范围），默认值为 True。
- is_piecewise：是否将组件转换为分段型（默认值为连续型）。
- pieces：自定义的每一段的范围。

（7）markLine&markPoint：图形标记组件，用于标记指定的特殊数据，如中值、最大值、最小值。具体参数如下。

- mark_point：标记点，默认有'min'、'max'、'average'可选。支持自定义标记点，采用字典的形式标记。
- mark_point_symbol：标记点图形，可选参数有'circle'、'rect'、'roundRect'、'triangle'、'diamond'、'pin'（默认）、'arrow'。
- mark_point_symbolsize：标记点图形大小，默认值为 50px。
- mark_point_textcolor：标记点字体颜色，默认值为'#fff '。
- mark_line：标记线，可选参数有'min'、'max'、'average'，也可以自定义。
- mark_line_symbolsize：标记线图形大小，默认值为 15px。

当然，除上面介绍的这几个配置项以外，还有其他的配置项，如 grid3D、axis3D、tooltip 等，这里不再一一介绍。

下面介绍 use_theme()方法的使用，它可以使用特定主题让图表显得更加美观。代码如下：

```
from pyecharts import Bar
bar=Bar("我的第一个图表","这里是副标题")
bar.use_theme('dark')
bar. add("服装",["衬衫","羊毛衫","雪纺衫","裤子","高跟鞋","袜子"],
    [5, 20, 36, 10, 75, 90])
bar.print_echarts_options ()
bar.render ()
```

运行结果如图 7-4 所示。

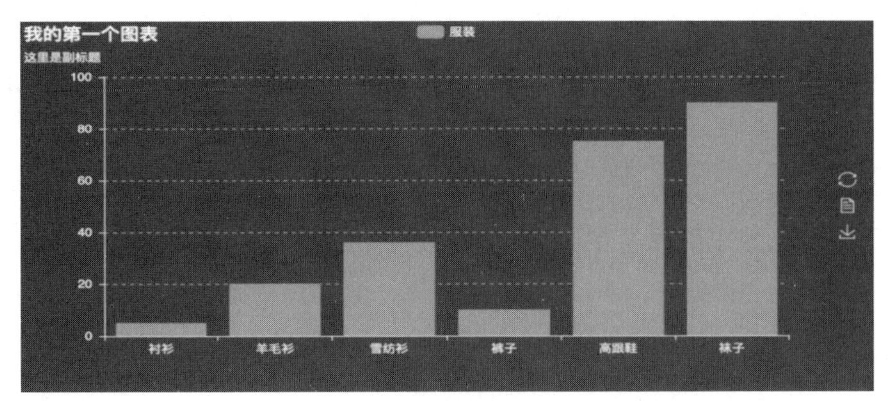

图 7-4　柱状图（三）

pyecharts 自带 dark 主题。另外，pyecharts 支持 5 个主题色系，可以通过自定义主题进行更换。代码如下：

```
from pyecharts import Bar
import random  #导入随机函数
bar=Bar("我的第一个图表","这里是副标题")
X_AXIS=["衬衫", "羊毛衫", "雪纺衫", "裤子", "高跟鞋", "袜子"]
bar.use_theme ('dark')
bar.add("商家A",X_AXIS,[random.randint(10,100) for _ in range(6)])
bar.add("商家B",X_AXIS,[random.randint(10,100) for _ in range(6)])
bar.add("商家C",X_AXIS,[random.randint(10,100) for _ in range(6)])
bar.add("商家D",X_AXIS,[random.randint(10,100) for _ in range(6)])
bar.show_config ()
bar.render ()
```

运行结果如图 7-5 所示。

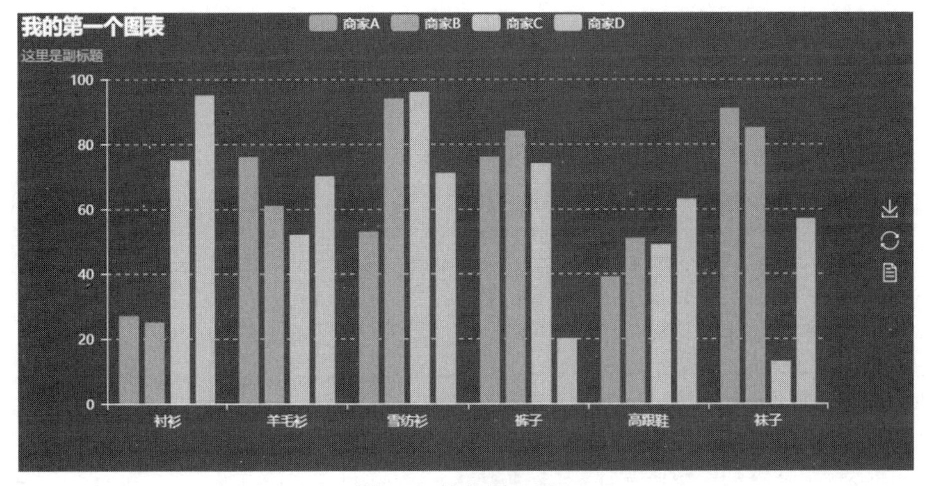

图 7-5　柱状图（四）

要想使用除黑色以外的其他主题，可以安装主题插件 echarts-themes-pypkg。

其他主题还有 vintage、macarons、infographic、shine、roma、westeros、wonderland、chalk、halloween、essos、walden、purple-passion、romantic，具体显示效果可以参考 https://pyecharts.org/#/zh-cn/themes 页面。

下面引入 pandas 和 NumPy 库产生数据，绘制简单的柱状图。代码如下：

```
import pandas as pd
import numpy as np
from pyecharts import Bar
title="bar chart"
index=pd.data_range('3/8/2017',periods=6,freq='M')
df1=pd.DataFrame(np.random.randn(6),index=index)
df2=pd.DataFrame(np.random.randn(6),index=index)
dtvalue1=[i[0] for i in df1.values]
dtvalue2=[i[0] for i in df2.values]
_index=[i for i in df1.index.format()]
Bar=Bar(title,'profit and loss situation')
Bar.add('profit',_index,dtvalue1)
Bar.add("loss",_index,dtvalue2)
Bar.render()
```

运行结果如图 7-6 所示。

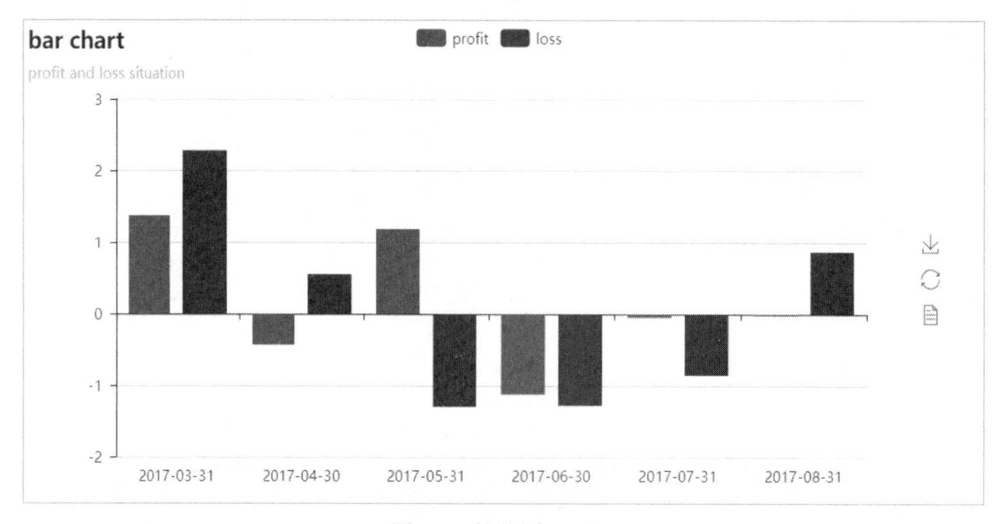

图 7-6　柱状图（五）

如果想要使用更高级的方式，则可以加一些参数。代码如下：

```
from pyecharts import Bar
attr=['{}月'.format(i) for i in range(1,13)]
v1=[2.0,4.9,7.0,23.2,25.6,76.7,135.6,162.2,32.6,20.0,6.4,3.3]
v2=[2.6,5.9,9.0,26.4,28.7,70.7,175.6,182.2,48.7,18.8,6.0,2.3]
bar=Bar("柱状图示例")
#采用虚线表示平均值
#同时指出最小值和最大值
bar.add("蒸发量", attr, v1,
mark_line=['average'],mark_point=['max','min'])
bar.add("降水量", attr, v2,
mark_line=['average'],mark_point=['max','min'])
bar.render ()
```

运行结果如图 7-7 所示。

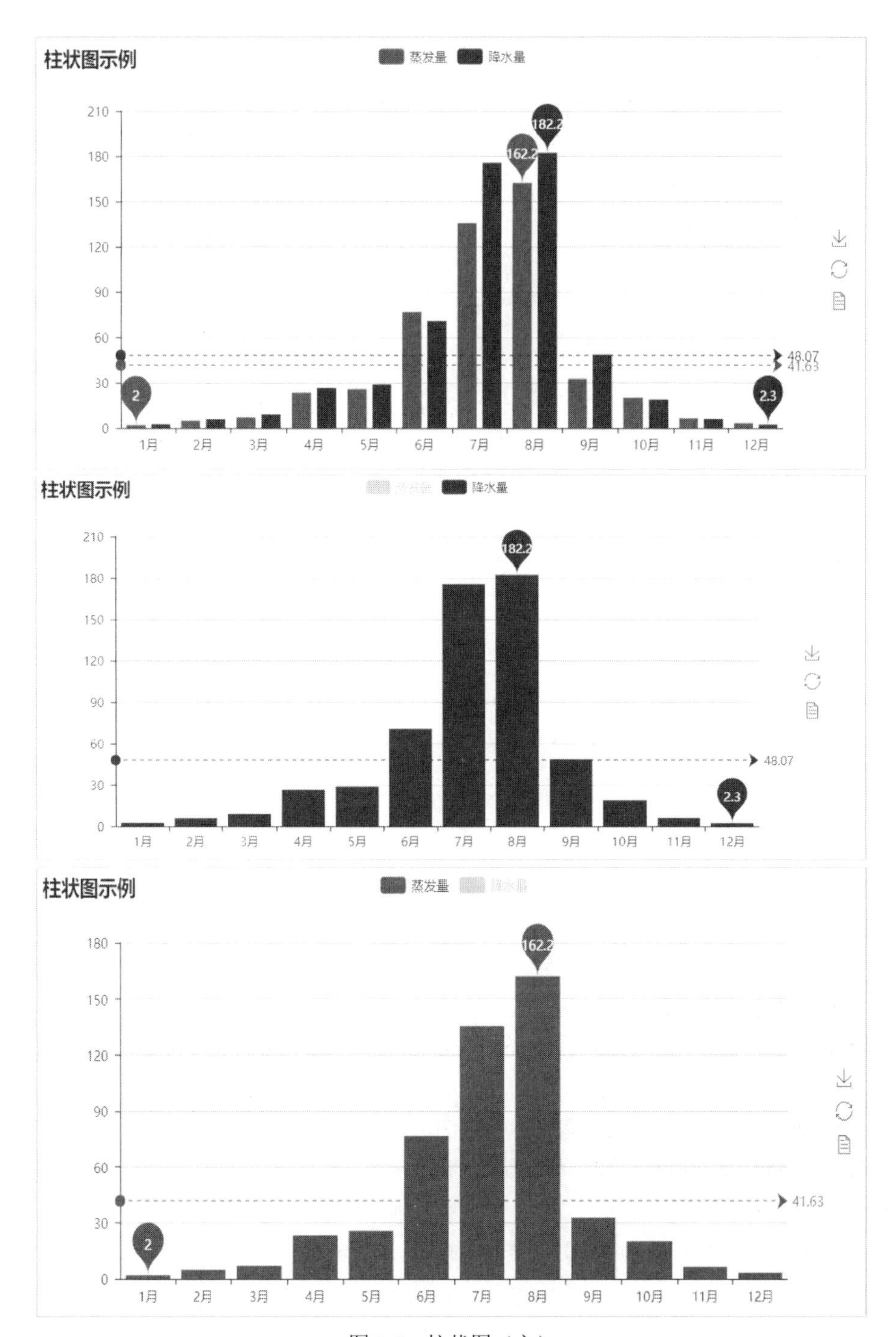

图 7-7 柱状图（六）

子任务 2 活用散点图（EffectScatter）

平面直角坐标系上的散点图可以用来展示数据之间的关系。如果有很多数据项，则可以有多个维度，利用 geo 组件用不同的颜色来展示。方法如下：

```
add(name,x_axis,y_axis,symbol_size=10,extra_data=None)
```

参数说明如下。

- name：图例名称。

- x_axis：*x* 轴数据。需为类目轴，也就是不能是数值。
- y_axis：*y* 轴数据。需为类目轴，也就是不能是数值。
- extra_data：第三维度数据，*x* 轴为第一维度，*y* 轴为第二维度（可在 visualMap 中将视图元素映射到第三维度）。
- symbol_size：标记图形大小。

示例代码如下：

```
from pyecharts import EffectScatter
v1 = [10, 20, 30, 40, 50, 60]
v2 = [25, 20, 15, 10, 60, 33]
es = EffectScatter("动态散点图示例")
es.add("effectScatter", v1, v2)
es.render()
```

运行结果如图 7-8 所示。

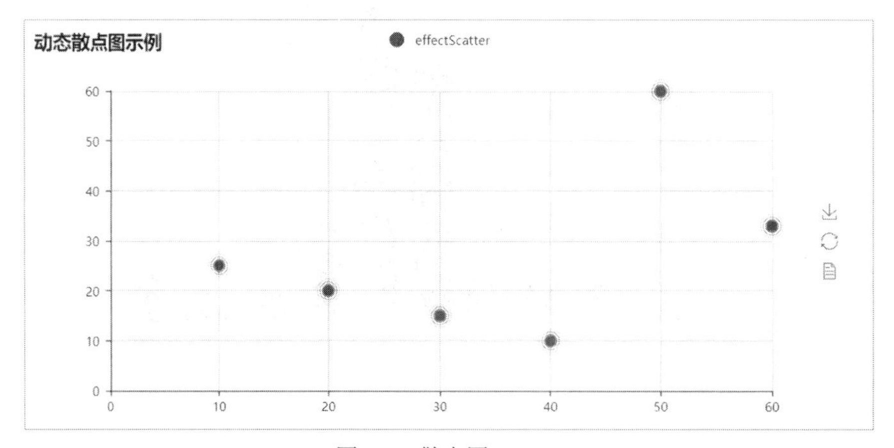

图 7-8　散点图（一）

散点图的各种图形参数解析如下。

- sysbol：标记图形，可选参数有 rect、roundRect、triangle、diamond、pin、arrow。
- effect_brushtype：波纹的绘制方式，可选参数有 stroke、fill。
- effect_scale：动画中波纹的最大缩放比例，默认值为 2.5。
- effect_period：动画持续的时间，默认值为 4s。

示例代码如下：

```
es = EffectScatter("动态散点图各种图形示例")
es.add(
    "",
    [10],
    [10],
    symbol_size=20,
    effect_scale=3.5,
    effect_period=3,
    symbol="pin",
)
es.add(
```

```
        "",
        [20],
        [20],
        symbol_size=12,
        effect_scale=4.5,
        effect_period=4,
        symbol="rect",
    )
    es.add(
        "",
        [30],
        [30],
        symbol_size=30,
        effect_scale=5.5,
        effect_period=5,
        symbol="roundRect",
    )
    es.add(
        "",
        [40],
        [40],
        symbol_size=10,
        effect_scale=6.5,
        effect_brushtype="fill",
        symbol="diamond",
    )
    es.add(
        "",
        [50],
        [50],
        symbol_size=16,
        effect_scale=5.5,
        effect_period=3,
        symbol="arrow",
    )
    es.add(
        "",
        [60],
        [60],
        symbol_size=6,
        effect_scale=2.5,
        effect_period=3,
        symbol="triangle",
    )
    es.render()
```

运行结果如图 7-9 所示。

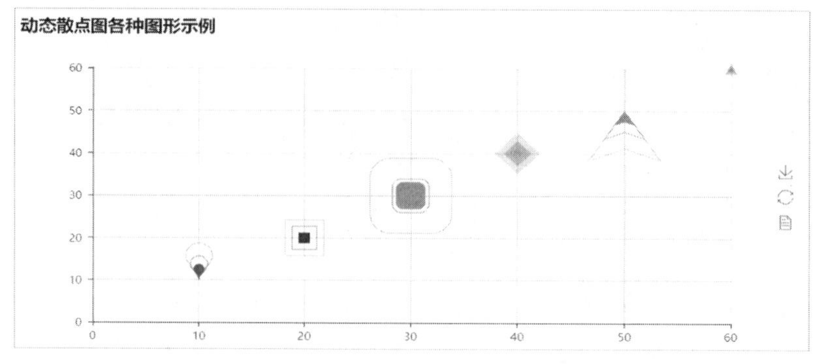

图 7-9　散点图（二）

子任务 3　活用漏斗图（Funnel）

漏斗图常用于分层显示数据的多少，或者显示层级之间的关系等。方法如下：

```
funnel = Funnel("漏斗图示例",
                    width=600, #设置宽度
                    height=400,#设置高度
                    title_pos='center')#标题所在的位置
add(name, attr, value,funnel_sort="ascending", funnel_gap=0, **kwargs)
```

参数说明如下。

- name：图例名称。
- attr：属性名称。
- value：属性所对应的值。
- funnel_sort：数据排序，可选参数有"ascending"、"descending"、"none"。
- funnel_gap：数据图形之间的距离，默认值为 0。

标签显示在内部：

```
is_label_show=True,
label_pos="inside",
label_text_color="#fff",#标签文字颜色
```

标签显示在外部：

```
is_label_show=True,
label_pos="outside",
legend_orient="vertical",
legend_pos="left",#图例所在的位置
```

示例代码如下：

```
from pyecharts import Funnel
attr = ["衬衫", "羊毛衫", "雪纺衫", "裤子", "高跟鞋", "袜子"]
value = [20, 40, 60, 80, 100, 120]
funnel = Funnel("漏斗图示例", width=600, height=400, title_pos='best')#best 会自动
显示最好的位置
funnel.add(
    "商品",
    attr,
    value,
    is_label_show=True,
    label_pos="inside",
    label_text_color="#fff",
```

```
    funnel_sort="ascending",
    funnel_gap=5,
)
funnel.render()
```

运行结果如图 7-10 所示。

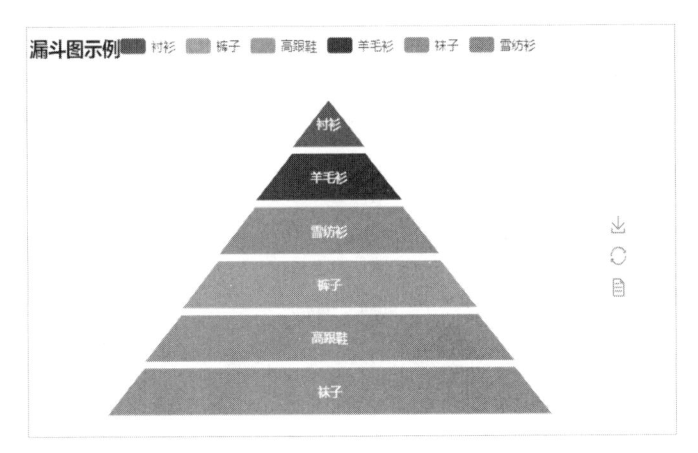

图 7-10　漏斗图

子任务 4　活用仪表盘（Gauge）

仪表盘常用于动态展示速度、温度等。方法如下：

```
add(name, attr,value,scale_range=None,angle_range=None, **kwargs)
```

参数说明如下。

- name：图例名称。
- attr：属性名称。
- value：属性对应的值。
- scale_range：仪表盘数据范围，默认值为[0,100]。
- angle_range：仪表盘角度范围，默认值为[255,-45]。

示例 1 代码如下：

```
from pyecharts import Gauge
gauge=Gauge("仪表盘示例")
gauge.add("业务指标","完成率",66.66)
gauge.render()
```

运行结果如图 7-11 所示。

图 7-11　仪表盘（一）

示例 2 代码如下：

```
gauge = Gauge("仪表盘示例")
gauge.add(
    "完成率",
    166.66,
    angle_range=[180, 0],
    scale_range=[0, 200],
    is_legend_show=False,
)
gauge.render()
```

运行结果如图 7-12 所示。

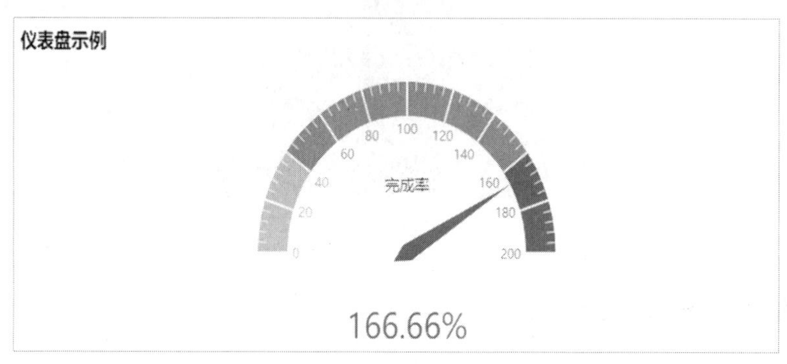

图 7-12　仪表盘（二）

子任务 5　活用地理坐标图（Geo）

地理坐标图常用于显示地理位置坐标，以及展示某坐标位置上的地理信息等。方法如下：

```
add(name, attr, value,
      type="scatter",
      maptype='china',
      coordinate_region='国家名称',
      symbol_size=12,
      border_color="#111",
      geo_normal_color="#323c48",
      geo_emphasis_color="#2a333d",
      geo_cities_coords=None,
      is_roam=True, **kwargs)
```

参数说明如下。

- name：图例名称。
- attr：属性名称。
- value：属性对应的值。
- type：图例类型，可选参数有"scatter"、"effectScatter"、"heatmap"。
- maptype：地图类型，可以指明地区，如重庆。
- coordinate_region：城市坐标所属国家。
- symbol：线两端的标记类型，可以是一个数组分别指定两端，也可以是单个统一指定。
- symbol_size：线两端的标记大小，可以是一个数组分别指定两端，也可以是单个统一指定。
- border_color：地图边界颜色，默认值为'#111'。
- geo_normal_color：正常状态下地图区域的颜色，默认值为'#323c48'。

- geo_emphasis_color：高亮状态下地图区域的颜色，默认值为'#2a333d'。
- geo_cities_coords：用户自定义地区经纬度。
- geo_effect_period：特效动画的时间，单位为 s，默认值为 6s。
- geo_effect_traillength：特效尾迹的长度。选取从 0 到 1 的值，数值越大，尾迹越长。默认值为 0。
- geo_effect_color：特效标记的颜色，默认值为'#fff'。
- geo_effect_symbol：特效图形的标记，可选参数有'circle'、'rect'、'roundRect'、'triangle'、'diamond'、'pin'、'arrow'、'plane'。
- geo_effect_symbolsize：特效标记的大小，可以设置成诸如 10 这样单一的数字，也可以用数组分开表示高和宽，如[20,10]表示标记宽为 20px、高为 10px。
- is_geo_effect_show：是否显示特效。
- is_roam：是否开启鼠标缩放和平移漫游功能，默认值为 True。如果只想开启鼠标缩放或平移漫游功能，则可以设置成'scale'或'move'。设置成 True 表示这两项功能都开启。

在编写本次任务的案例之前，先来了解一下需要用到的函数 Base.cast(data)。

- Base：初始化的对象。
- data：绘图所需要的数据。

这是一个数据格式化处理函数，能够将源数据转换成符合 pyecharts 库内部接口的数据。

示例代码如下：

```
data = [('A', '30'), ('B', '45'), ('C', '12')]
x, y = Base.cast(data)
print(x) # ['A', 'B', 'C']
print(y) # ['30', '45', '12']
```

我们将 type 参数设置为 HeatMap 类型，即热力图效果。把 type 参数设置为 effectScatter 类型，即可实现全国主要城市空气质量图。改变 matype 的值，就可以实现特定地区的地图展示效果。要想获取确切的地理位置坐标，可使用函数 get_coordinate(name,region="国家名称")，如果找到则返回具体的经纬度，如果没有找到则返回 None。示例代码如下：

```
from pyecharts.datasets.coordinates import get_coordinate
coordinate = get_coordinate('城市名称')
print(coordinate) # [经度,纬度]
coordinate1 = get_coordinate('A市')
print(coordinate1) # None
```

如果不知道确定的城市名称，则可以使用 search_coordinates_by_keyword(*args) 函数，它会根据一个或多个关键字，返回一个字典对象。示例代码如下：

```
from pyecharts.datasets.coordinates import search_coordinates_by_keyword

result = search_coordinates_by_keyword('城市名称')
print(result)#打印出城市的经纬度

result = search_coordinates_by_keyword('城市名称1', '城市名称2')
print(result)
```

子任务 6 活用关系图（Graph）

关系图用于展现节点及节点之间的关系数据。方法如下：

```
add(name, nodes, links,
```

```
    categories=None,
    is_focusnode=True,
    is_roam=True,
    is_rotatelabel=False,
    layout="force",
    graph_edge_length=50,
    graph_gravity=0.2,
    graph_repulsion=50, **kwargs)
```

参数说明如下。

- name：图例名称。
- node：节点的坐标参数。
- links：节点间的关系数据。
- categories：节点分类的类目。节点可以指定分类。如果采用了分类节点，则可以通过 nodes[i].category 指定每个节点的类目，类目的样式会被应用到节点样式上。
- is_focusnode：判断是否在鼠标指针移动到节点上的时候突出显示节点，以及节点的边和邻接节点。
- is_roam：判断是否开启鼠标缩放和平移漫游功能。如果只想开启鼠标缩放或平移漫游功能，则可以设置成'scale'或'move'。如果设置成 True，则表示这两项功能都开启。
- is_rotatelabel：是否旋转标签。
- graph_edge_length：表示边长的范围。
- graph_gravity：节点受到的向中心的引力因子。该值越大，节点越往中心点靠拢。
- graph_repulsion：节点之间的斥力因子。支持设置成数组表达斥力的范围，此时不同大小的值会线性映射到不同的斥力。值越大，斥力越大。
- graph_edge_symbo：边两端的标记类型，可以是一个数组分别指定两端，也可以是单个统一指定。默认不显示标记。常见的标记为箭头，如 edgeSymbol: ['circle', 'arrow']。
- graph_edge_symbolsize：边两端的标记大小，可以是一个数组分别指定两端，也可以是单个统一指定。

示例代码如下：

```
from pyecharts import Graph

nodes = [{"name": "节点1", "symbolSize": 10},
         {"name": "节点2", "symbolSize": 20},
         {"name": "节点3", "symbolSize": 30},
         {"name": "节点4", "symbolSize": 40},
         {"name": "节点5", "symbolSize": 50},
         {"name": "节点6", "symbolSize": 40},
         {"name": "节点7", "symbolSize": 30},
         {"name": "节点8", "symbolSize": 20}]
links = []
for i in nodes:
    for j in nodes:
        links.append({"source": i.get('name'), "target": j.get('name')})
graph = Graph("关系图-环形布局示例")
graph.add(
    "",
    nodes,
```

```
    links,
    is_label_show=True,
    graph_repulsion=8000,
    graph_layout="circular",
    label_text_color=None,
)
graph.render()
```

运行结果如图 7-13 所示。

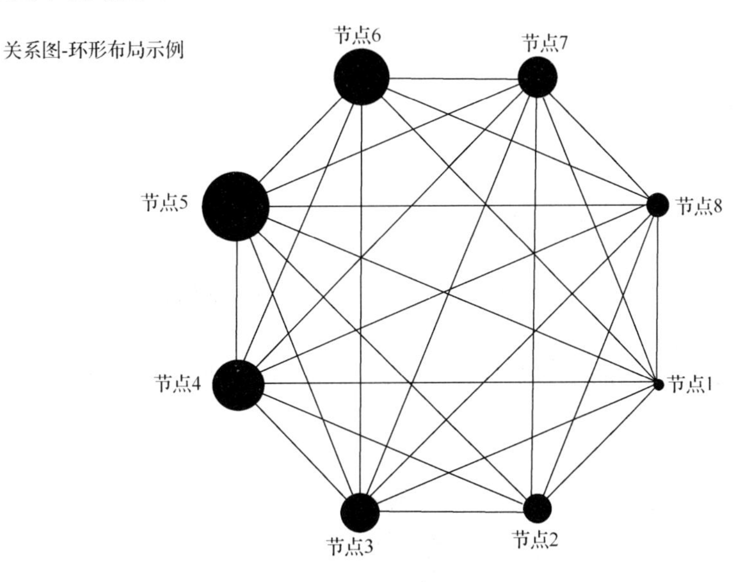

图 7-13 关系图

对于复杂的关系图，可以使用 networkx 库构建节点和连线，并传递给 add()方法。示例代码如下：

```
import networkx as nx
from networkx.readwrite import json_graph
from pyecharts import Graph

g = nx.Graph()
categories = ['网关', '节点']
g.add_node('FF12C904', name='Gateway 1', symbolSize=40, category=0)
g.add_node('FF12CA02', name='Node 11', category=1)
g.add_node('FF12C326', name='Node 12', category=1)
g.add_node('FF45C023', name='Node 111', category=1)
g.add_node('FF230933', name='Node 1111', category=1)

g.add_edge('FF12C904', 'FF12CA02')
g.add_edge('FF12C904', 'FF12C326')
g.add_edge('FF12CA02', 'FF45C023')
g.add_edge('FF45C023', 'FF230933')

g_data = json_graph.node_link_data(g)
eg = Graph('设备最新拓扑图')
eg.add('Devices',nodes=g_data['nodes'],links=g_data['links'],
categories=categories)
eg.render()
```

运行结果如图 7-14 所示。

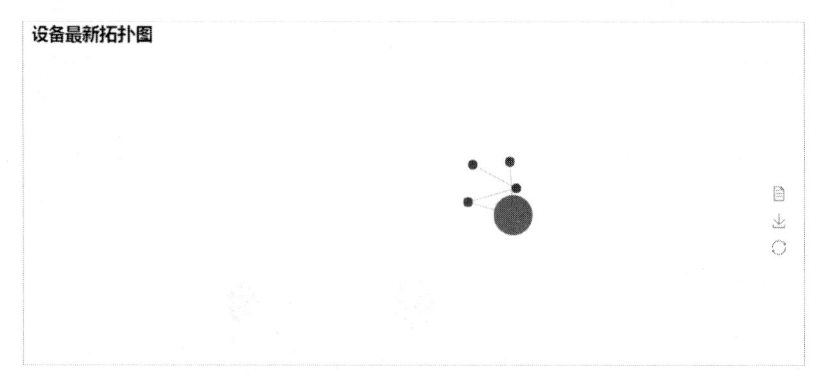

图 7-14 关系图拓展

子任务 7 活用热力图（HeatMap）

热力图主要使用颜色来表示数值的大小，必须配合 visualMap 组件使用，在笛卡儿坐标系上必须使用两个类目轴。

如果 is_calendar_heatmap()函数的返回值为 True，则使用日历热力图，此时 add()方法的参数如下。

- name：图例名称。
- data：包含列表的列表，是一个二维数组。
- calendar_data_range：日历热力图的日期。
- canlendar_cell_size：日历每个方框的大小，默认值为["auto", 20]，第一个参数是宽（“auto”表示自动），第二个参数是高。

如果 is_calendar_heatmap()函数的返回值为 False，那么 add()方法的参数如下。

- name：图例名称。
- x_axis：*x* 轴的数据，不能是数值。
- y_axis：*y* 轴的数据，也不能是数值。
- data：包含列表的列表，相当于一个坐标的表示。

不使用日历热力图的示例代码如下：

```
import random
from pyecharts import HeatMap

x_axis = [
    "12a", "1a", "2a", "3a", "4a", "5a", "6a", "7a", "8a", "9a", "10a", "11a",
    "12p", "1p", "2p", "3p", "4p", "5p", "6p", "7p", "8p", "9p", "10p", "11p"]
y_axis = [
    "Saturday", "Friday", "Thursday", "Wednesday", "Tuesday", "Monday", "Sunday"]
data = [[i, j, random.randint(0, 50)] for i in range(24) for j in range(7)]
heatmap = HeatMap()
heatmap.add(
    "热力图笛卡儿坐标系",
    x_axis,
    y_axis,
    data,
    is_visualmap=True,
```

```
    visual_text_color="#000",
    visual_orient="horizontal",
)
heatmap.render()
```

运行结果如图 7-15 所示。

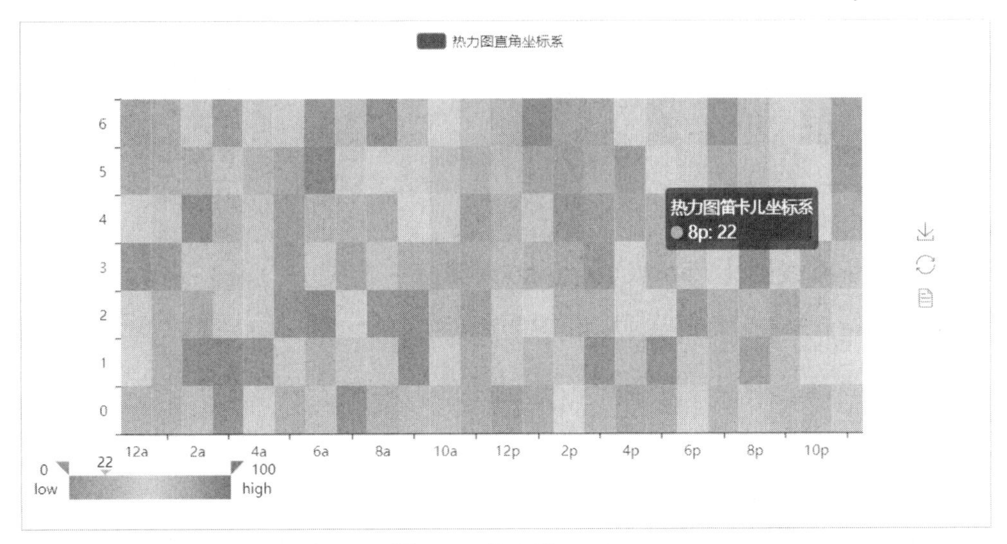

图 7-15 热力图（一）

使用日历热力图的示例代码如下：

```
import datetime
import random
from pyecharts import HeatMap

begin = datetime.date(2017, 1, 1)
end = datetime.date(2017, 12, 31)
data = [
    [str(begin + datetime.timedelta(days=i)), random.randint(1000, 25000)]
    for i in range((end - begin).days + 1)
]
heatmap = HeatMap("2017 年某人每天的步数", width=1100)
heatmap.add(
    "",
    data,
    is_calendar_heatmap=True,
    visual_text_color="#000",
    visual_range_text=["", ""],
    visual_range=[1000, 25000],
    calendar_cell_size=["auto", 30],
    is_visualmap=True,
    calendar_date_range="2017",
    visual_orient="horizontal",
    visual_pos="center",
    visual_top="80%",
    is_piecewise=True,
)
```

```
heatmap.render()
```

运行结果如图 7-16 所示。

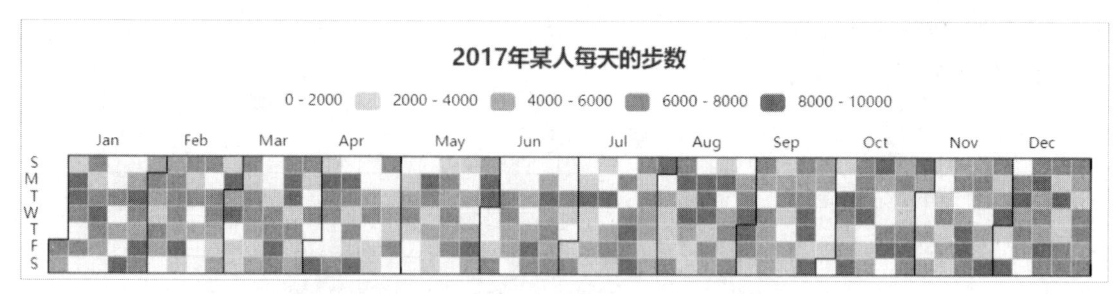

图 7-16　热力图（二）

子任务 8　活用 K 线图（Kline/Candlestick）

K 线图常用作股票趋势图。方法如下：

```
add(name, x_axis, y_axis, **kwargs)
```

参数说明如下。

- name：图例名称。
- x_axis：x 轴的数据。
- y_axis：y 轴的数据，里面是二维数组[open,close,lowest,highest]，分别表示[开盘价,收盘价,最低价,最高价]。

示例代码如下：

```
from pyecharts import Kline
v1 = [[2320.26, 2320.26, 2287.3, 2362.94], [2300, 2291.3, 2288.26, 2308.38],
      [2295.35, 2346.5, 2295.35, 2345.92], [2347.22, 2358.98, 2337.35, 2363.8],
      [2360.75, 2382.48, 2347.89, 2383.76], [2383.43, 2385.42, 2371.23, 2391.82],
      [2377.41, 2419.02, 2369.57, 2421.15], [2425.92, 2428.15, 2417.58, 2440.38],
      [2411, 2433.13, 2403.3, 2437.42], [2432.68, 2334.48, 2427.7, 2441.73],
      [2430.69, 2418.53, 2394.22, 2433.89], [2416.62, 2432.4, 2414.4, 2443.03],
      [2441.91, 2421.56, 2418.43, 2444.8], [2420.26, 2382.91, 2373.53, 2427.07],
      [2383.49, 2397.18, 2370.61, 2397.94], [2378.82, 2325.95, 2309.17, 2378.82],
      [2322.94, 2314.16, 2308.76, 2330.88], [2320.62, 2325.82, 2315.01, 2338.78],
      [2313.74, 2293.34, 2289.89, 2340.71], [2297.77, 2313.22, 2292.03, 2324.63],
      [2322.32, 2365.59, 2308.92, 2366.16], [2364.54, 2359.51, 2330.86, 2369.65],
      [2332.08, 2273.4, 2259.25, 2333.54], [2274.81, 2326.31, 2270.1, 2328.14],
      [2333.61, 2347.18, 2321.6, 2351.44], [2340.44, 2324.29, 2304.27, 2352.02],
      [2326.42, 2318.61, 2314.59, 2333.67], [2314.68, 2310.59, 2296.58, 2320.96],
      [2309.16, 2286.6, 2264.83, 2333.29], [2282.17, 2263.97, 2253.25, 2286.33],
      [2255.77, 2270.28, 2253.31, 2276.22]]
kline = Kline("K 线图示例")
kline.add("日K", ["2017/7/{}".format(i + 1) for i in range(31)], v1)
kline.render()
```

运行结果如图 7-17 所示。

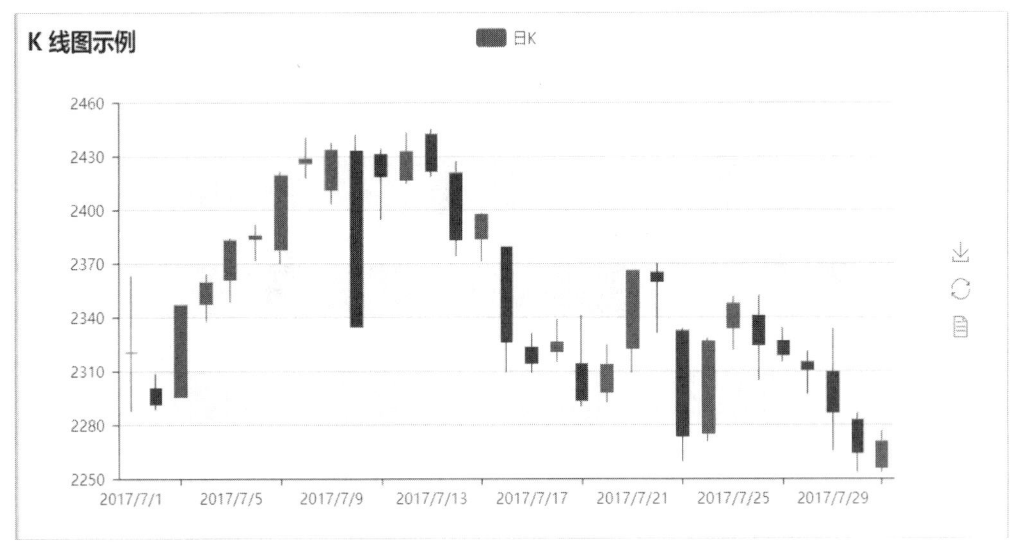

图 7-17　K 线图（一）

如果想要查看区域，则需要设定 dataZoom 组件。示例代码如下：

```
from pyecharts import Kline

v1 = [[2320.26, 2320.26, 2287.3, 2362.94], [2300, 2291.3, 2288.26, 2308.38],
      [2295.35, 2346.5, 2295.35, 2345.92], [2347.22, 2358.98, 2337.35, 2363.8],
      [2360.75, 2382.48, 2347.89, 2383.76], [2383.43, 2385.42, 2371.23, 2391.82],
      [2377.41, 2419.02, 2369.57, 2421.15], [2425.92, 2428.15, 2417.58, 2440.38],
      [2411, 2433.13, 2403.3, 2437.42], [2432.68, 2334.48, 2427.7, 2441.73],
      [2430.69, 2418.53, 2394.22, 2433.89], [2416.62, 2432.4, 2414.4, 2443.03],
      [2441.91, 2421.56, 2418.43, 2444.8], [2420.26, 2382.91, 2373.53, 2427.07],
      [2383.49, 2397.18, 2370.61, 2397.94], [2378.82, 2325.95, 2309.17, 2378.82],
      [2322.94, 2314.16, 2308.76, 2330.88], [2320.62, 2325.82, 2315.01, 2338.78],
      [2313.74, 2293.34, 2289.89, 2340.71], [2297.77, 2313.22, 2292.03, 2324.63],
      [2322.32, 2365.59, 2308.92, 2366.16], [2364.54, 2359.51, 2330.86, 2369.65],
      [2332.08, 2273.4, 2259.25, 2333.54], [2274.81, 2326.31, 2270.1, 2328.14],
      [2333.61, 2347.18, 2321.6, 2351.44], [2340.44, 2324.29, 2304.27, 2352.02],
      [2326.42, 2318.61, 2314.59, 2333.67], [2314.68, 2310.59, 2296.58, 2320.96],
      [2309.16, 2286.6, 2264.83, 2333.29], [2282.17, 2263.97, 2253.25, 2286.33],
      [2255.77, 2270.28, 2253.31, 2276.22]]
kline = Kline("K 线图示例")
kline.add(
    "日 K",
    ["2017/7/{}".format(i + 1) for i in range(31)],
    v1,
    mark_point=["max"],
    is_datazoom_show=True,
)
kline.render()
```

运行结果如图 7-18 所示。

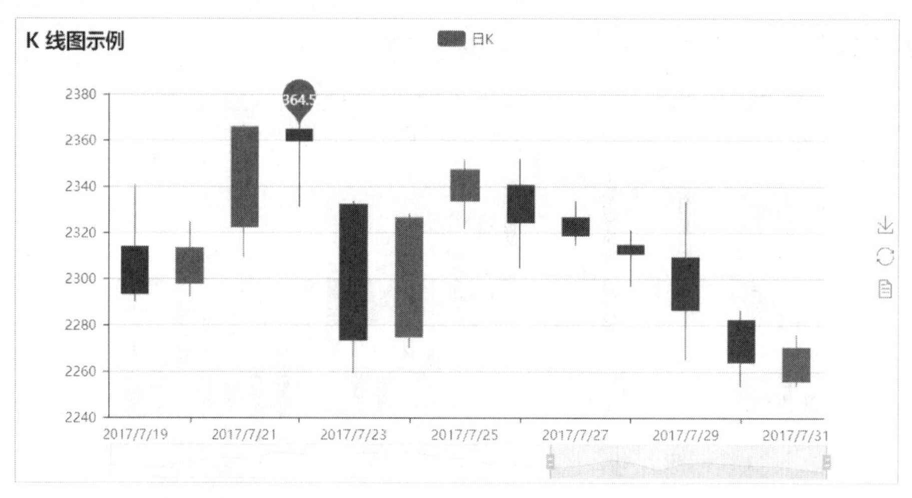

图 7-18　K 线图（二）

指定 markLine 位于开盘还是收盘的示例代码如下：

```
kline = Kline("K 线图示例")
kline.add(
    "K",
    ["2017/7/{}".format(i + 1) for i in range(31)],
    v1,
    mark_line=["max"],
    mark_line_symbolsize=0,
    datazoom_orient="vertical",
    mark_line_valuedim="close",
)
kline.render()
```

子任务 9　活用折线图/面积图（Line）

折线图是用折线将各个数据点连接起来的图表，用来展示数据的变化趋势。方法如下：

```
add(name,
    x_axis,
    y_axis,
    is_symbol_show=True,
    is_smooth=False,
    is_stack=False,
    is_step=False,
    is_fill=False, **kwargs)
```

参数说明如下。

- is_symbol_show：是否显示标记图形。
- is_smooth：是否使用平滑曲线显示。
- is_stack：是否允许数据堆叠。
- is_step：是否绘制阶梯线图。
- is_fill：是否填充曲线所围成的面积。

示例代码如下：

```
from pyecharts import Line
```

```
attr = ["衬衫", "羊毛衫", "雪纺衫", "裤子", "高跟鞋", "袜子"]
v1 = [5, 20, 36, 10, 10, 100]
v2 = [55, 60, 16, 20, 15, 80]
line = Line("折线图示例")
line.add("商家A", attr, v1, mark_point=["average"])
line.add("商家B", attr, v2, is_smooth=True, mark_line=["max", "average"])
line.render()
```

运行结果如图 7-19 所示。

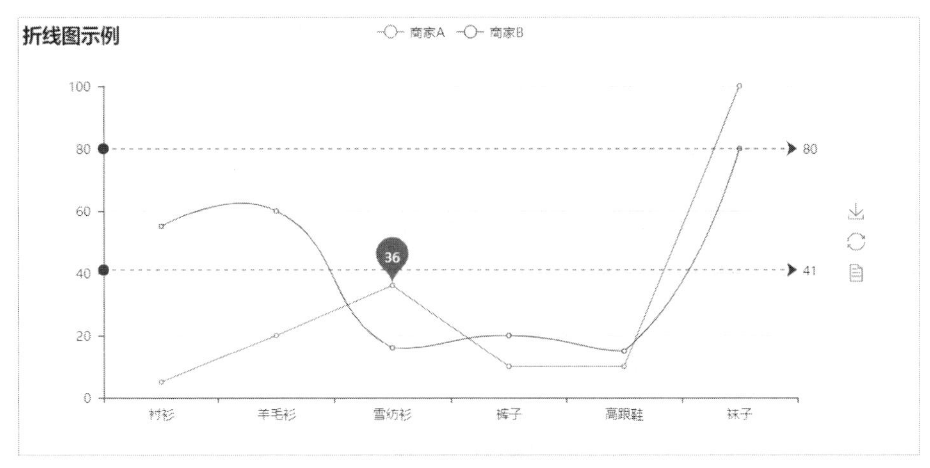

图 7-19　折线图

子任务 10　活用水球图（Liquid）

水球图主要用来突出数据的百分比。方法如下：

```
add(name,data,#data 数据项可以是一维数组
    shape='circle',
    liquid_color=None,
    is_liquid_animation=True,
    is_liquid_outline_show=True, **kwargs)
```

参数说明如下。

- shape：水球外形，可选参数有'circle'、'rect'、'roundRect'、'triangle'、'diamond'、'pin'、'arrow'。
- liquid_color：波浪颜色，默认颜色列表为['#294D99', '#156ACF', '#1598ED', '#45BDFF']。
- is_liquid_animation：是否显示波浪动画。
- is_liquid_outline_show：是否显示边框。

示例代码如下：

```
from pyecharts import Liquid

liquid = Liquid("水球图示例")
liquid.add("Liquid", [0.6, 0.5, 0.4, 0.3], is_liquid_outline_show=False)
liquid.render()
```

运行结果如图 7-20 所示。

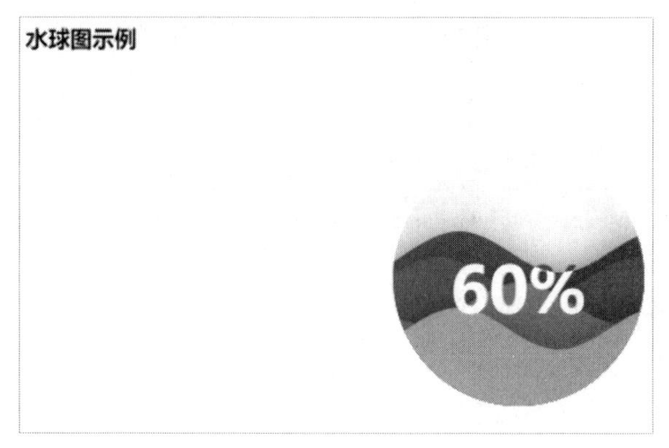

图 7-20　水球图

子任务 11　活用地图（Map）

地图主要用于地理区域数据的可视化。方法如下：

```
add(name, attr, value,
    maptype='国家名称',
    is_roam=True,
    is_map_symbol_show=True, **kwargs)
```

参数说明如下。

is_map_symbol_show：是否显示地图标记红点。

简单地图的示例代码如下：

```
from pyecharts import Map
value = [155, 10, 66, 78]
attr = ["省名称 1", "省名称 2", "省名称 3", "省名称 4"]
map = Map("全国地图示例", width=1200, height=600)
map.add("", attr, value, maptype='国家名称', is_label_show=True)
map.render()
```

在 Map 中使用 visualMap 组件，代码如下：

```
from pyecharts import Map

value = [155, 10, 66, 78, 33, 80, 190, 53, 49.6]
attr = [
    "省名称 1", "省名称 2", "省名称 3", "省名称 4", "省名称 5", "省名称 6", "省名称 7",
"省名称 8", "省名称 9"
    ]
map = Map("Map 结合 visualMap 示例", width=1200, height=600)
map.add(
    "",
    attr,
    value,
    maptype="国家名称",
    is_visualmap=True,
    visual_text_color="#000",
)
map.render()
```

下面使用 pieces 自定义 visualMap 组件标签。在使用 pieces 的时候，需要将 is_piecewise（组件转换为分段）参数的值设置为 True。pieces 用于自定义分段式视觉映射组件的每一段的范围、每一段的文字，以及每一段的特别样式。

代码如下所示：

```
pieces: [
    {min: 1500}, // 不指定 max，表示 max 为无限大（Infinity）
    {min: 900, max: 1500},
    {min: 310, max: 1000},
    {min: 200, max: 300},
    {min: 10, max: 200, label: '10 到 200（自定义 label）'},
    // 表示 value 等于 123 的情况
    {value: 123, label: '123（自定义特殊颜色）', color: 'grey'}
    {max: 5}     // 不指定 min，表示 min 为无限小（-Infinity）
 ]
```

融合 pieces 的示例代码如下：

```
value = [155, 10, 66, 78]
attr = ["省名称 1", "省名称 2", "省名称 3", "省名称 4"]
map = Map("全国地图示例", width=1200, height=600)
map.add("", attr, value, maptype='china',
        is_visualmap=True, is_piecewise=True,
        visual_text_color="#000",
        visual_range_text=["", ""],
        pieces=[
            {"max": 160, "min": 70, "label": "高数值"},
            {"max": 69, "min": 0, "label": "低数值"},
        ])
map.render()
```

子任务 12　活用饼图（Pie）

饼图常用于展现不同元素的比例。方法如下：

```
add(name, attr, value,radius=None,center=None,rosetype=None, **kwargs)
```

参数说明如下。

- radius：饼图的半径，采用数组的形式，第一项是内半径，第二项是外半径，默认值为[0,75]。
- center：饼图的中心坐标，也采用数组的形式，第一项是横坐标，第二项是纵坐标，默认值为[50,50]。默认设置成百分比。当设置成百分比时，第一项是相对于容器的宽度，第二项是相对于容器的高度。
- rosetype：是否显示为南丁格尔图。通过半径区分数据大小，有 radius（默认）和 area 两种模式。当采用 radius 模式时，扇区圆心角展示数据的百分比，半径展示数据的大小；当采用 area 模式时，所有扇区圆心角相同，仅仅通过半径展示数据的大小。

示例代码如下：

```
from pyecharts import Pie

attr = ["衬衫", "羊毛衫", "雪纺衫", "裤子", "高跟鞋", "袜子"]
v1 = [11, 12, 13, 10, 10, 10]
```

```
pie = Pie("饼图-圆环图示例", title_pos='center')
pie.add(
    "",
    attr,
    v1,
    radius=[40, 75],
    label_text_color=None,
    is_label_show=True,
    legend_orient="vertical",
    legend_pos="left",
)
pie.render()
```

运行结果如图 7-21 所示。

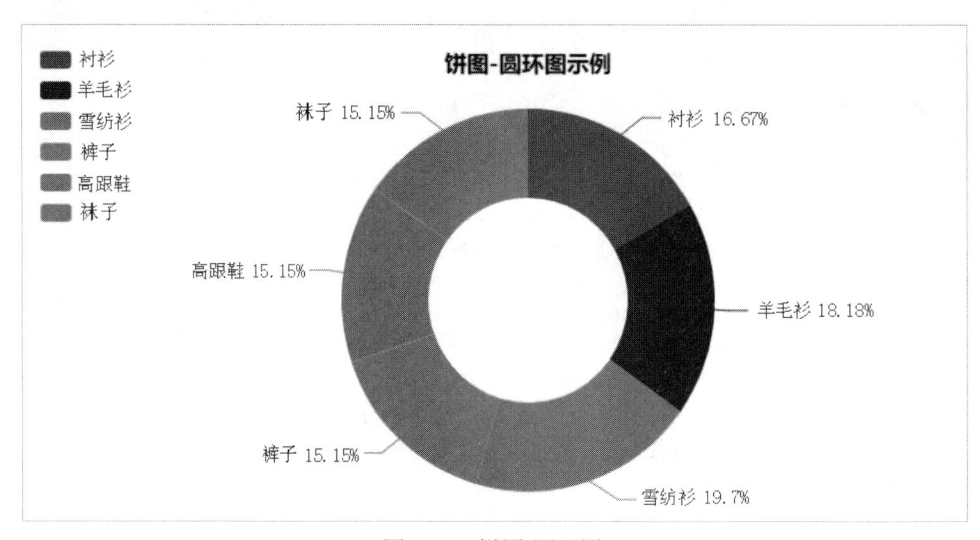

图 7-21　饼图-圆环图

子任务 13　活用平行坐标系（Parallel）

平行坐标系的方法如下：

```
add(name, data, **kwargs)
```

参数说明如下。

- name：图例名称。
- data：数据项，是一个二维数组。
- **kwargs：表示后面还可以选择添加以下参数。
  - ➢ dim：维度索引。
  - ➢ name：维度名称。
  - ➢ type：维度类型，可选参数有 value、category。
  - ➢ value：数值轴，适用于连续数据。
  - ➢ category：类目轴，适用于离散的类目数据。
  - ➢ min：坐标轴刻度最小值。
  - ➢ max：坐标轴刻度最大值。

➢ inverse：是否是反向坐标轴，默认值为 False。

➢ nameLocation：坐标轴名称显示位置，可选参数有'start'、'middle'、'end'。

另外，有一个特殊的方法 Parallel.set_schema()，其语法格式为：

```
set_schema(schema=None,c_schema=None)
```

参数说明如下。

- schema：默认平行坐标系的坐标轴信息。
- c_schema：自定义平行坐标系的坐标轴信息。

示例代码如下：

```
from pyecharts import Parallel

schema = ["data", "AQI", "PM2.5", "PM10", "CO", "NO2"]
data = [
        [1, 91, 45, 125, 0.82, 34],
        [2, 65, 27, 78, 0.86, 45,],
        [3, 83, 60, 84, 1.09, 73],
        [4, 109, 81, 121, 1.28, 68],
        [5, 106, 77, 114, 1.07, 55],
        [6, 109, 81, 121, 1.28, 68],
        [7, 106, 77, 114, 1.07, 55],
        [8, 89, 65, 78, 0.86, 51, 26],
        [9, 53, 33, 47, 0.64, 50, 17],
        [10, 80, 55, 80, 1.01, 75, 24],
        [11, 117, 81, 124, 1.03, 45]
]
parallel = Parallel("平行坐标系-默认指示器")
parallel.config(schema)
parallel.add("parallel", data, is_random=True)
parallel.render()
```

运行结果如图 7-22 所示。

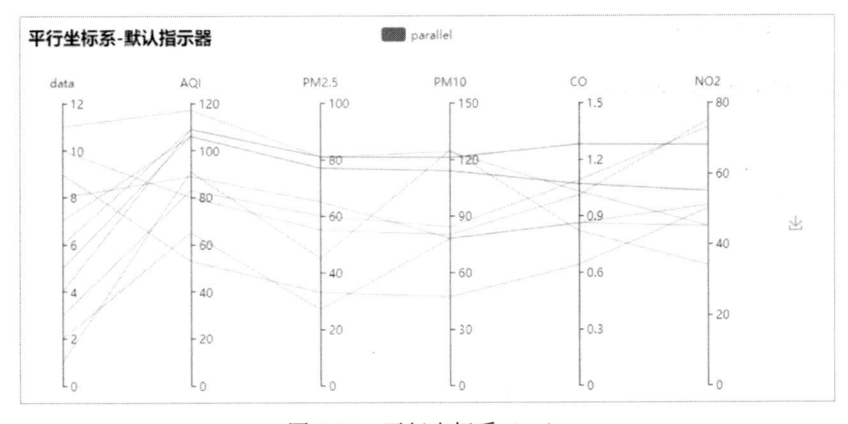

图 7-22　平行坐标系（一）

下面加入 c_schema 参数，示例代码如下：

```
from pyecharts import Parallel
```

```
c_schema = [
    {"dim": 0, "name": "data"},
    {"dim": 1, "name": "AQI"},
    {"dim": 2, "name": "PM2.5"},
    {"dim": 3, "name": "PM10"},
    {"dim": 4, "name": "CO"},
    {"dim": 5, "name": "NO2"},
    {"dim": 6, "name": "CO2"},
    {"dim": 7, "name": "等级",
    "type": "category",
    "data": ['优', '良', '轻度污染', '中度污染', '重度污染', '严重污染']}
]
data = [
    [1, 91, 45, 125, 0.82, 34, 23, "良"],
    [2, 65, 27, 78, 0.86, 45, 29, "良"],
    [3, 83, 60, 84, 1.09, 73, 27, "良"],
    [4, 109, 81, 121, 1.28, 68, 51, "轻度污染"],
    [5, 106, 77, 114, 1.07, 55, 51, "轻度污染"],
    [6, 109, 81, 121, 1.28, 68, 51, "轻度污染"],
    [7, 106, 77, 114, 1.07, 55, 51, "轻度污染"],
    [8, 89, 65, 78, 0.86, 51, 26, "良"],
    [9, 53, 33, 47, 0.64, 50, 17, "良"],
    [10, 80, 55, 80, 1.01, 75, 24, "良"],
    [11, 117, 81, 124, 1.03, 45, 24, "轻度污染"],
    [12, 99, 71, 142, 1.1, 62, 42, "良"],
    [13, 95, 69, 130, 1.28, 74, 50, "良"],
    [14, 116, 87, 131, 1.47, 84, 40, "轻度污染"]
]
parallel = Parallel("平行坐标系-用户自定义指示器")
parallel.config(c_schema=c_schema)
parallel.add("parallel", data)
parallel.render()
```

运行结果如图 7-23 所示。

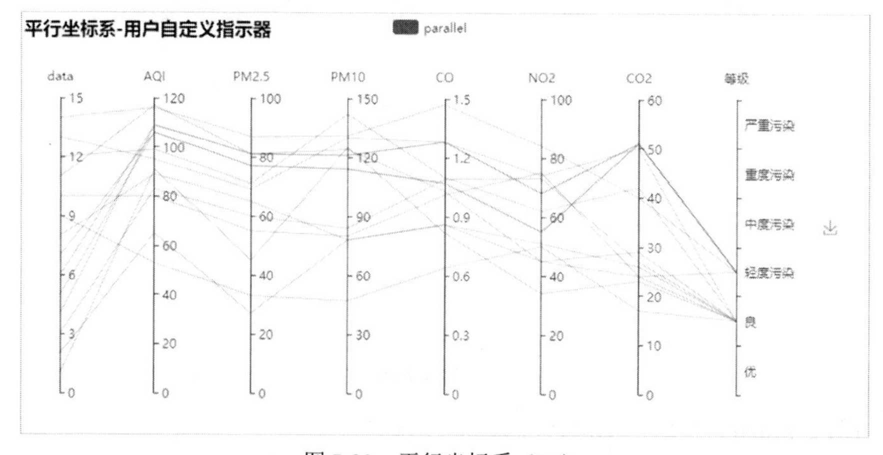

图 7-23　平行坐标系（二）

子任务 14 活用雷达图（Radar）

雷达图常用于能力展示。方法如下：

```
add(name, value,item_color=None, **kwargs)
```

参数说明如下。

- name：指示器名称。
- value：数据项，是一个二维数组。
- item_color：指定单图例颜色。
- **kwargs：表示后面还可以选择添加以下参数。
  - schema=None：默认雷达图的指示器，用来指定雷达图中的多个维度，会将数据处理成字典形式。
  - c_schema=None：用户自定义雷达图的指示器，用来指定雷达图中的多个维度。
  - min：指示器最小值。
  - max：指示器最大值。
  - shape：雷达图绘制类型，有'polygon'（多边形）和'circle'可选。
  - rader_text_color：雷达图数据项字体颜色，默认值为'#000'。
  - radar_text_size：雷达图数据项字体大小，默认值为 12px。
  - is_area_show：是否显示填充区域。
  - area_opacity：填充区域的透明度。
  - area_color：填充区域的颜色。
  - is_splitline_show：是否显示分割线，默认值为 True。
  - is_axisline_show：是否显示坐标轴线，默认值为 True。

示例代码如下：

```
from pyecharts import Radar

schema = [
    ("销售", 6500), ("管理", 16000), ("信息技术", 30000),
    ("客服", 38000), ("研发", 52000), ("市场", 25000)
]
v1 = [[4300, 10000, 28000, 35000, 50000, 19000]]
v2 = [[5000, 14000, 28000, 31000, 42000, 21000]]
radar = Radar()
radar.config(schema)
radar.add("预算分配", v1, is_splitline=True, is_axisline_show=True)
radar.add("实际开销", v2, label_color=["#4e79a7"], is_area_show=False,
          legend_selectedmode='single')
radar.render()
```

运行结果如图 7-24 所示。

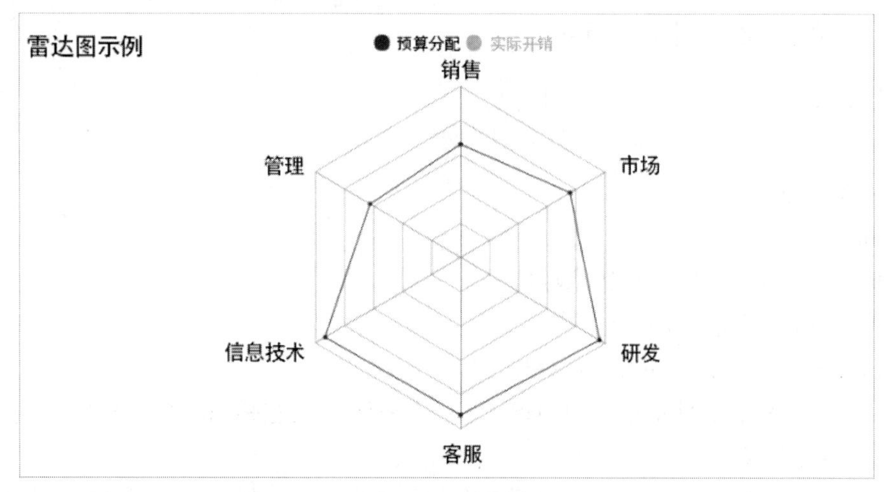

图 7-24　雷达图

子任务 15　活用词云图（WordCloud）

词云图用于区分单词出现的频率。方法如下：

```
add(name,
    attr,
    value,shape='circle',
    word_gap=20,
    word_size_range=None,
    rotate_step=45)
```

参数说明如下。

- shape：词云图轮廓，可选参数有'circle'、'cardioid'、'diamond'、'triangle-forward'、'triangle'、'pentagon'、'star'。
- word_gap：单词间隔。
- word_size_range：单词字体大小范围，默认值为[12,60]。
- rotate_step：旋转单词角度，默认旋转 45°。

示例代码如下：

```
from pyecharts import WordCloud

name = [
    'Sam S Club', 'Macys', 'Amy Schumer', 'Jurassic World', 'Charter Communications',
    'Chick Fil A', 'Planet Fitness', 'Pitch Perfect', 'Express', 'Home', 'Johnny Depp',
    'Lena Dunham', 'Lewis Hamilton', 'KXAN', 'Mary Ellen Mark', 'Farrah Abraham',
    'Rita Ora', 'Serena Williams', 'NCAA baseball tournament', 'Point Break']
value = [
    10000, 6181, 4386, 4055, 2467, 2244, 1898, 1484, 1112,
    965, 847, 582, 555, 550, 462, 366, 360, 282, 273, 265]
wordcloud = WordCloud(width=1300, height=620)
wordcloud.add("", name, value, word_size_range=[20, 100])
wordcloud.render()
```

运行结果如图 7-25 所示。

图 7-25 词云图

课后练习

一、选择题

1．生成 ECharts 图表的库是（ ）。

A．requests

B．pyquery

C．pyecharts

D．http

2．设置线条宽度的参数是（ ）。

A．line_width

B．line_opacity

C．line_curve

D．line_color

3．漏斗图方法中的参数 funnel_gap 表示数据图形之间的距离，默认值为（ ）。

A．0

B．1

C．2

D．以上都不对

4．schema=None 是默认雷达图的指示器，用来指定雷达图中的多个维度，会将数据处理成哪种形式？（ ）

A．列表

B．字典

C．元组

D．集合

5．用于区域缩放查看的配置项是（　　）。

A．visualMap

B．label

C．lineStyle

D．dataZoom

二、判断题

1．地理坐标图方法中的参数 geo_effect_traillength 表示特效尾迹的长度，选取从 0 到 1 的值，数值越大，尾迹越短。（　　）

2．折线图是用折线将各个数据点连接起来的图表，用来展示数据的变化趋势。（　　）

3．表和图是一样的，都可以让大家从中看到数据、理解数据。（　　）

4．关系图方法中的参数 source 和 target 都是表示边的源节点名称的字符串，也支持使用数字表示源节点的索引。（　　）

5．pyecharts 自带 dark 主题，所以不可以自己安装主题插件。（　　）

第8章

平台化快速部署 Hadoop

重点提示

学习本章内容，请您带着如下问题：

（1）前面学习的 Hadoop 平台搭建过程全部用命令完成，过程复杂，有没有更好的搭建方式？

（2）如何选择适合自己的大数据管理平台？

（3）如何使用大数据管理平台？

任务 1　探寻大数据管理平台

1. Ambari 简介

Ambari 是 Apache 的一个项目，目的是使 Hadoop 管理在支持 Apache Hadoop 集群的供应、管理和监控方面更加简单、灵活。Ambari 为用户提供一套完整的 Web 界面来友好地管理 Hadoop 平台。目前 Ambari 支持大多数 Hadoop 组件，包括 HDFS、MapReduce、Hive、Pig、HBase、ZooKeeper、Sqoop、HCatalog 等。

Ambari 可以提供如下服务：

（1）供应一个 Hadoop 集群。

Ambari 提供了跨越多台主机的 Hadoop 服务安装向导，可以实现向导式的一步步安装功能。

Ambari 可以操作 Hadoop 集群上服务的所有配置信息。

（2）管理一个 Hadoop 集群。

Ambari 提供了跨越整个集群的统一管理，包括开启、停止、重新配置 Hadoop 集群上所有的服务。

（3）监听 Hadoop 集群。

Ambari 提供了一个控制面板，用来监听整个 Hadoop 集群的健康状态。

Ambari 利用 Ambari 度量系统收集系统指标。

Ambari 利用 Ambari 警报框架进行系统警报，并在需要注意时通知用户（例如，节点故障、磁盘剩余空间不足等）

Ambari 能够使应用程序开发人员和系统集成人员轻松地将 Hadoop 供应、管理和监视功能与 Ambari REST API 集成到自己的应用程序中。

Ambari 可以分为 5 个大的组件，分别是 Ambari-server、Ambari-web、Ambari-agent、Ambari-metrics-collector 和 Ambari-metrics-monitor。

（1）在集群的每台机器上都会部署 Ambari-agent 程序。Ambari-agent 端主要负责接收来自

Ambari-server 端的命令，这些命令可以用于安装、启动、停止 Hadoop 集群上的某个服务。同时，Ambari-agent 端需要向 Ambari-server 端上报命令执行的结果。

（2）Ambari-server 提供 REST 接口给 Ambari-agent 和 Ambari-Web 访问，用户甚至可以不用界面，而通过 curl 命令来操控集群。

（3）Ambari-metrics-collector 和 Ambari-metrics-monitor 是集群中组件 metrics 的两个模块，负责收集指标和监控指标。

Ambari-server 和 Ambari-agent 之间的架构关系如图 8-1 所示。

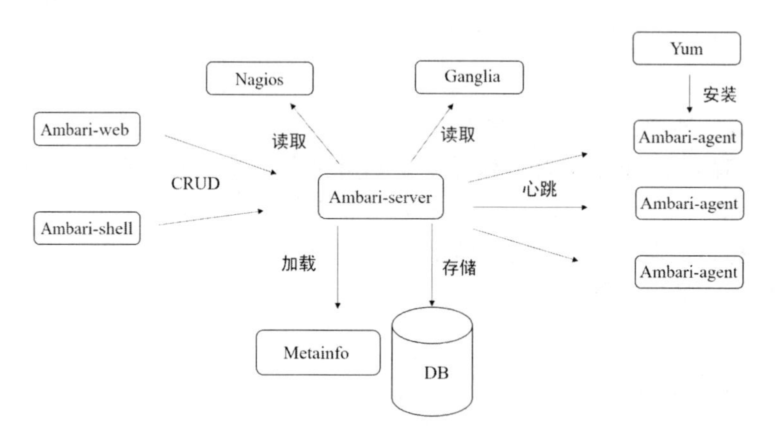

图 8-1　Ambari-server 和 Ambari-agent 之间的架构关系

Ambari-server 是有状态的，它维护着自己的一个有限状态机（Finite State Machine，FSM），同时这些状态机存储在数据库中，默认数据库为 PostgresSQL。

（1）Ambari-server 提供了 Ambari-web、REST API、Ambari-shell 三大方式操作集群。

（2）Ambari 将集群的配置、各个服务的配置等信息存在 Ambari-server 端的 DB 中。

（3）Ambari-server 与 Ambari-agent 之间的交流是通过 RPC（远程过程调用）来实现的，即 Ambari-agent 向 Ambari-server 报告心跳，Ambari-server 将 command（命令）通过 response（响应）发回给 Ambari-agent，Ambari-agent 将 Ambari-server 发送过来的命令在本地执行，比如，Ambari-agent 端执行相应的 Python 脚本。

（4）Ambari 有自己的一套监控、告警、镜像服务，以可插拔的形式供上层服务调用。

Ambari-agent 是无状态的，其功能主要分为两部分。

（1）采集所在节点的信息，并且汇总发送心跳报告给 Ambari-server。

（2）处理 Ambari-server 发送过来的执行请求。

2．搭建 Ambari 前的软件准备

搭建 Ambari 的环境管理平台及后续通过 Ambari 自动化搭建 Hadoop 集群所需的软件包如图 8-2 所示。

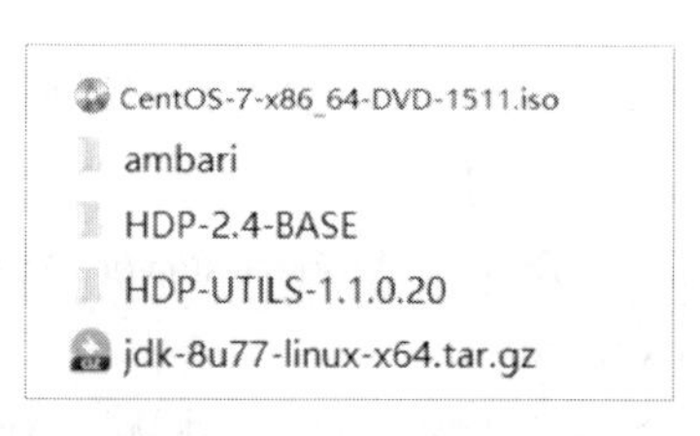

图 8-2　部署所需软件包

（1）CentOS：用于安装服务器的 Linux 操作系统。下载地址：https://www.centos.org/download/。

（2）Ambari：大数据管理平台，用于使用 Web 页面管理 Hadoop 平台的安装及配置。下载地址：http://docs.hortonworks.com/HDPDocuments/Ambari-2.4.1.0/bk_ambari-installation/content/ambari_repositories.html。

（3）HDP 和 HDP UTILS 下载地址：http://docs.hortonworks.com/HDPDocuments/Ambari-2.4.1.0/bk_ambari-installation/content/hdp_stack_repositories.html。

（4）JDK 下载地址：https://www.oracle.com/technetwork/java/javase/downloads/jdk8-downloads-2133151.html。

HDP（Hortonworks Data Platform）是 Hadoop 的一种发行版本。Hadoop 的发行版本有很多种，所有版本都是由 Apache Hadoop 版本衍生而来的。由于 Apache Hadoop 的开源协议规定，任何人和团体都可以对其进行修改，并作为开源或商业产品发布和销售，所以现在各家公司都拥有自己的 Hadoop 版本，如华为发行版、Cloudera 发行版、HDP 版本等。其免费版有 Cloudera 发行的 CDH、Hortonworks 发行的 HDP、Apache Hadoop。三者的比较如表 8-1 所示。

表 8-1　Hadoop 免费版的比较

	Apache Hadoop	CDH	HDP
管理工具	手工	Cloudera Manager	Ambari
收费情况	开源	社区版免费，企业版收费	免费

因为 Ambari 支持 HDP 的管理，所以本章使用 HDP 作为大数据平台的安装包。Ambari 版本和 HDP 安装包存在兼容性问题，如表 8-2 所示，具体可以参考 Ambari 官网说明。

表 8-2　Ambari 与 HDP 的兼容性

Ambari*	HDP 2.5	HDP 2.4	HDP 2.3（不推荐）	HDP 2.2（不推荐）	HDP 2.1
2.4.1	√	√	√	√	
2.2.2		√	√	√	
2.2.1		√	√	√	√
2.2.0			√	√	√
2.1			√**	√	√
2.0				√	√

*：Ambari 不能安装 Hue or HDP Search（Solr）。

**：如果读者计划安装和管理 HDP 2.3.4（或以上版本），则必须使用 Ambari 2.2.0（或之后的版本），但不能使用 Ambari 2.1x。

任务 2　配置基础环境

子任务 1　配置 Linux 系统

1．更改主机名

为了能够更加方便地识别主机，我们使用主机名而不使用 IP 地址，以免多处配置带来更多的麻烦。把 localhost 3 台虚拟机中的主机名（hostname）分别更改为 master、node1、node2。

命令如下：

```
[root@localhost ~ ]# hostnamectl set-hostname master
[root@localhost ~ ]# bash
[root@master ~]#
```

2. 开启主机的 DHCP 模式，自动获取 IP 地址

输入命令：

```
//进入网卡编辑目录
cd /etc/sysconfig/network-scripts/
//列出目录下的所有配置文件
Ls
//编辑网卡 enp0s3 的配置文件
vi ifcfg-enp0s3
```

在打开的 ifcfg-enp0s3 配置文件中，将

```
ONBOOT=no
```

更改为

```
ONBOOT=yes
```

然后重启网卡。命令如下：

```
[root@master ~]# service network restart
Restarting network(via systemctl):[ok]
[root@master ~]#
```

使用同样的方式更改 node1 和 node2 的网卡配置。

配置结果如下：

```
master ip : 172.19.210.7
node1  ip : 172.19.210.8
node2  ip : 172.19.210.9
```

3. 配置 hosts 文件

配置 hosts 文件主要是为了让机器能够互相识别主机名。

命令如下：

```
//进入配置目录
[root@master ~]# cd /etc
//编辑 hosts 配置文件
[root@master etc]# vi hosts
```

在 hosts 配置文件中输入如下内容：

```
172.19.210.7 master
172.19.210.8 node1
172.19.210.9 node2
```

4. 配置 yum 源

首先把 CentOS-7-x86_64-DVD-1511.iso 挂载到 master 主机中的/opt/centos 文件夹下，然后把 ambari-2.4.1.0-centos7.tar.gz 解压得到的 ambari 文件夹放到/opt/ambari 文件夹下。

（1）把 CentOS-7-x86_64-DVD-1511.iso 挂载到/opt/centos 文件夹下。命令如下：

```
[root@master opt]# mkdir centos
```

```
[root@master opt]# mount -t iso9660 -o loop CentOS-7-x86_64-DVD-1511.iso
/opt/centos/
mount: /dev/loop0 写保护，将以只读方式挂载
[root@master opt]# cd centos/
[root@master centos]# ls
CentOS_BuildTag  GPL      LiveOS    RPM-GPG-KEY-CentOS-7
EFI             images   Packages  RPM-GPG-KEY-CentOS-Testing-7
EULA            isolinux  repodata  TRANS.TBL
[root@master centos]#
```

（2）把 ambari-2.4.1.0-centos7.tar.gz 解压得到的 ambari 文件夹放到/opt/ambari 文件夹下。命令如下：

```
[root@master opt]# mkdir ambari
[root@master opt]# tar -zxvf ambari-2.4.1.0-centos7.tar.gz
[root@master opt]# mv AMBARI-2.4.1.0/centos7/2.4.1.0-22/* /opt/ambari/
[root@master opt]# cd ambari
[root@master ambari]# ls
ambari  build.id  build_metadata.txt  changelog.txt  repodata  RPM-GPG-KEY
smartsense
[root@master ambari]#
```

更改 yum 源的路径。命令如下：

```
[root@master ~]# cd /etc/yum.repos.d/
[root@master yum.repos.d]# rm -rf *
[root@master yum.repos.d]# vi centos.repo
```

在 master 主机上的 centos.repo 文件里输入 yum 源的配置信息。命令如下：

```
[centos]
baseurl=file:///opt/centos/
gpgcheck=0
enabled=1
name=centos
[ambari]
name=ambari
baseurl=file:///opt/ambari/
gpgcheck=0
enabled=1
```

查看是否能够展示 yum 源的内容。如果可以查看，则说明配置成功。查看命令如下：

```
[root@master yum.repos.d]# yum list
```

运行结果如图 8-3 所示。

下载 vsftpd，命令如下：

```
#使用 yum 源安装 vsftpd
[root@master opt]# yum install -y vsftpd
#编辑 vsftpd.conf 配置文件
[root@master opt]# vi /etc/vsftpd/vsftpd.conf
```

在 vsftpd.conf 文件里输入如下命令：

```
anon_root=/opt
```

```
yajl.x86_64                                    2.0.4-4.el7                     centos
yelp.x86_64                                    1:3.14.2-1.el7                  centos
yelp-libs.x86_64                               1:3.14.2-1.el7                  centos
yelp-xsl.noarch                                3.14.0-1.el7                    centos
yp-tools.x86_64                                2.14-3.el7                      centos
ypbind.x86_64                                  3:1.37.1-7.el7                  centos
ypserv.x86_64                                  2.31-8.el7                      centos
yum.noarch                                     3.4.3-132.el7.centos.0.1        centos
yum-langpacks.noarch                           0.4.2-4.el7                     centos
yum-plugin-aliases.noarch                      1.1.31-34.el7                   centos
yum-plugin-changelog.noarch                    1.1.31-34.el7                   centos
yum-plugin-fastestmirror.noarch                1.1.31-34.el7                   centos
yum-plugin-tmprepo.noarch                      1.1.31-34.el7                   centos
yum-plugin-verify.noarch                       1.1.31-34.el7                   centos
yum-plugin-versionlock.noarch                  1.1.31-34.el7                   centos
yum-utils.noarch                               1.1.31-34.el7                   centos
zenity.x86_64                                  3.8.0-5.el7                     centos
zip.x86_64                                     3.0-10.el7                      centos
zlib.x86_64                                    1.2.7-15.el7                    centos
zlib-devel.x86_64                              1.2.7-15.el7                    centos
zsh.x86_64                                     5.0.2-14.el7                    centos
zziplib.x86_64                                 0.13.62-5.el7                   centos
[root@master opt]# 
```

图 8-3 验证 yum 源

重启 vsftpd。命令如下：

```
systemctl restart vsftpd
```

在所有 node 节点的 centos.repo 文件里输入如下命令：

```
[centos]
baseurl=ftp://master/centos
gpgcheck=0
enabled=1
name=centos
[ambari]
name=ambari
baseurl=ftp://master/ambari
gpgcheck=0
enabled=1
```

5. 配置 NTP

在 master 节点上输入如下命令：

```
#使用 yum 源安装 NTP
[root@master /]# yum -y install ntp
#编辑 ntp.conf 配置文件
[root@master /]# vi /etc/ntp.conf
```

在 ntp.conf 文件里注释或删除以下 4 行：

```
server 0.centos.pool.ntp.org iburst
server 1.centos.pool.ntp.org iburst
server 2.centos.pool.ntp.org iburst
server 3.centos.pool.ntp.org iburst
```

添加以下两行：

```
server 127.127.1.0
fudge 127.127.1.0 stratum 10
```

配置结果如图 8-4 所示。

启动 NTP。命令如下：

```
[root@master /]#systemctl enable ntpd
[root@master /]#systemctl start  ntpd
```

在 node1 节点上输入如下命令：

```
[root@node1/]yum -y install ntpdate
```

```
[root@node1 /]ntpdate master
[root@node1 /]systemctl enable ntpdate
```

```
# Hosts on local network are less restricted.
#restrict 192.168.1.0 mask 255.255.255.0 nomodify notrap

# Use public servers from the pool.ntp.org project.
# Please consider joining the pool (http://www.pool.ntp.org/join.html).
server 127.127.1.0
fudge 127.127.1.0 stratum 10


#broadcast 192.168.1.255 autokey        # broadcast server
#broadcastclient                        # broadcast client
#broadcast 224.0.1.1 autokey            # multicast server
#multicastclient 224.0.1.1              # multicast client
#manycastserver 239.255.254.254         # manycast server
#manycastclient 239.255.254.254 autokey # manycast client
```

图 8-4　配置 NTP

6. 配置 SSH

在所有节点上配置 SSH，下面以 master 节点为例（其他节点内容相同），如下命令：

```
[root@master /]yum install openssh-clients
[root@master /]ssh-keygen
[root@master /]ssh-copy-id master
[root@master /]ssh-copy-id node1
[root@master /]ssh-copy-id node2
```

使用 SSH 登录远程主机查看免密是否成功。命令如下：

```
[root@master /]ssh master
[root@master /]ssh node1
[root@master /]ssh node2
```

7. 配置 httpd 服务

```
#使用 yum 源安装 httpd
[root@master /]yum -y install httpd
```

将 HDP-2.4-BASE 和 HDP-UTILS-1.1.0.20 文件夹复制到/var/www/html/目录下。启动 httpd 服务。命令如下：

```
[root@master /]systemctl enable httpd.service
[root@master /]systemctl status httpd.service
```

子任务 2　禁用 Transparent Huge Pages

在操作系统后台有一个叫作 khugepaged 的进程，它会一直扫描所有进程占用的内存，在可能的情况下会把内存中 4KB 大小的内存页交换为 Huge Pages（巨大的内存页）。在这个过程中，对于操作的内存的各种分配活动都需要各种内存锁，直接影响程序的内存访问性能。并且这个过程对于应用是透明的，在应用层面不可控制，对于专门为 4KB 大小的内存页优化的程序来说，可能会造成性能的随机下降现象。

在各节点上查看进程状态。命令如下：

```
cat /sys/kernel/mm/transparent_hugepage/enabled
```

更改进程配置文件。命令如下：

```
echo never > /sys/kernel/mm/transparent_hugepage/enabled
echo never > /sys/kernel/mm/transparent_hugepage/defrag
```

再次查看进程状态，结果如图 8-5 所示。

```
cat /sys/kernel/mm/transparent_hugepage/enabled
```

```
[root@master opt]# cat /sys/kernel/mm/transparent_hugepage/enabled
[always] madvise never
[root@master opt]# echo never > /sys/kernel/mm/transparent_hugepage/enabled
[root@master opt]# echo never > /sys/kernel/mm/transparent_hugepage/defrag
[root@master opt]# cat /sys/kernel/mm/transparent_hugepage/enabled
always madvise [never]
[root@master opt]#
```

图 8-5　查看进程状态

子任务 3　安装并配置 JDK

在所有节点上输入如下代码：

```
mkdir /usr/java
tar -zxvf /opt/bigdata/jdk-8u77-linux-x64.tar.gz  -C  /usr/java/
```

更改 Linux 系统的环境变量，在/etc/profile 文件中添加如下代码：

```
export JAVA_HOME=/usr/java/jdk1.8.0_77
export PATH=$JAVA_HOME/bin:$PATH
```

生效环境变量。命令如下：

```
source /etc/profile
```

验证环境变量是否添加成功，如图 8-6 所示。

```
[root@master usr]# java -version
java version "1.8.0_77"
Java(TM) SE Runtime Environment (build 1.8.0_77-b03)
Java HotSpot(TM) 64-Bit Server VM (build 25.77-b03, mixed mode)
```

图 8-6　环境变量添加成功

任务 3　安装并配置 Ambari

接下来分 3 部分讲解 Ambari 的安装与配置，包括安装 Ambari-server、配置 Ambari-server、安装并配置 Ambari-agent。

1. 安装 Ambari-server

如下操作在 master 主机上进行。

（1）安装 Ambari-server 服务。

```
yum -y install  ambari-server
```

（2）安装并配置 MariaDB 数据库。

安装 MariaDB 数据库。命令如下：

```
yum -y install  mariadb mariadb-server mysql-connector-java
systemctl enable mariadb
systemctl start mariadb
```

配置 MariaDB 数据库。命令如下：

```
mysql_secure_installation
#按回车键确认后设置数据库 root 密码，在这里设置为“bigdata”
```

```
Remove anonymous users? [Y/n] y
Disallow root login remotely? [Y/n] n
Remove test database and access to it? [Y/n] y
Reload privilege tables now? [Y/n] y
```

具体内容如图 8-7 所示。

```
[root@master usr]# mysql_secure_installation
/usr/bin/mysql_secure_installation: line 379: find_mysql_client: command not found

NOTE: RUNNING ALL PARTS OF THIS SCRIPT IS RECOMMENDED FOR ALL MariaDB
      SERVERS IN PRODUCTION USE!  PLEASE READ EACH STEP CAREFULLY!

In order to log into MariaDB to secure it, we'll need the current
password for the root user.  If you've just installed MariaDB, and
you haven't set the root password yet, the password will be blank,
so you should just press enter here.

Enter current password for root (enter for none):
OK, successfully used password, moving on...

Setting the root password ensures that nobody can log into the MariaDB
root user without the proper authorisation.

Set root password? [Y/n] y
New password:
Re-enter new password:
Password updated successfully!
Reloading privilege tables..
 ... Success!


By default, a MariaDB installation has an anonymous user, allowing anyone
to log into MariaDB without having to have a user account created for
them.  This is intended only for testing, and to make the installation
go a bit smoother.  You should remove them before moving into a
production environment.

Remove anonymous users? [Y/n] y
 ... Success!

Normally, root should only be allowed to connect from 'localhost'.  This
ensures that someone cannot guess at the root password from the network.

Disallow root login remotely? [Y/n] n
 ... skipping.

By default, MariaDB comes with a database named 'test' that anyone can
access.  This is also intended only for testing, and should be removed
before moving into a production environment.

Remove test database and access to it? [Y/n] y
 - Dropping test database...
 ... Success!
 - Removing privileges on test database...
 ... Success!

Reloading the privilege tables will ensure that all changes made so far
will take effect immediately.

Reload privilege tables now? [Y/n] y
 ... Success!

Cleaning up...

All done!  If you've completed all of the above steps, your MariaDB
installation should now be secure.

Thanks for using MariaDB!
[root@master usr]# 
```

图 8-7　配置 MariaDB 数据库

创建 Ambari 数据库。命令如下：

```
mysql -uroot -pbigdata
MariaDB [(none)]> create database ambari;
MariaDB [(none)]> grant all privileges on ambari.* to 'ambari'@'localhost' identified by 'bigdata';
MariaDB [(none)]> grant all privileges on ambari.* to 'ambari'@'%' identified by 'bigdata';
MariaDB [(none)]> use ambari;
```

```
MariaDB [ambari]> source
/var/lib/ambari-server/resources/Ambari-DDL-MySQL-CREATE.sql
MariaDB [ambari]> Bye
```

2．配置 Ambari-server

在 master 主机上执行 Ambari-server 安装命令：

```
ambari-server setup
```

具体内容如图 8-8 所示。

```
[root@master usr]# ambari-server setup
Using python  /usr/bin/python
Setup ambari-server
Checking SELinux...
SELinux status is 'disabled'
Customize user account for ambari-server daemon [y/n] (n)? n
Adjusting ambari-server permissions and ownership...
Checking firewall status...
Redirecting to /bin/systemctl status  iptables.service

Checking JDK...
[1] Oracle JDK 1.8 + Java Cryptography Extension (JCE) Policy Files 8
[2] Oracle JDK 1.7 + Java Cryptography Extension (JCE) Policy Files 7
[3] Custom JDK
==============================================================================
Enter choice (1): 3
WARNING: JDK must be installed on all hosts and JAVA_HOME must be valid on all
WARNING: JCE Policy files are required for configuring Kerberos security. If yo
isdiction Policy Files are valid on all hosts.
Path to JAVA_HOME: /usr/java/jdk1.8.0_77
Validating JDK on Ambari Server...done.
Completing setup...
Configuring database...
Enter advanced database configuration [y/n] (n)? y
Configuring database...
==============================================================================
Choose one of the following options:
[1] - PostgreSQL (Embedded)
[2] - Oracle
[3] - MySQL
[4] - PostgreSQL
[5] - Microsoft SQL Server (Tech Preview)
[6] - SQL Anywhere
==============================================================================
Enter choice (1): 3
Hostname (localhost):
Port (3306):
Database name (ambari):
Username (ambari):
Enter Database Password (bigdata):
```

图 8-8　配置 Ambari-server

启动 Ambari-server 服务。命令如下：

```
ambari-server start
```

Ambari 登录界面如图 8-9 所示。

图 8-9　Ambari 登录界面

3．安装并配置 Ambari-agent

在所有节点上执行安装 Ambari-agent 的命令：

```
yum -y install ambari-agent
```

在/etc/ambari-agent/conf/ambari-agent.ini 文件中找到[server]位置，更改为如下内容：

```
[server]
hostname= master
url_port=8440
secured_url_port=8441
```

重启 Ambari-agent。命令如下：

```
ambari-agent restart
```

任务 4　快速部署 Hadoop 大数据集群

在 Ambari 平台上单击“新建”按钮，使用向导一步步地部署 Hadoop 大数据集群。具体操作如下。

（1）集群命名。根据向导输入集群的名字，给想要建立的集群命名，在这里命名为“ambari_demo”，如图 8-10 所示。

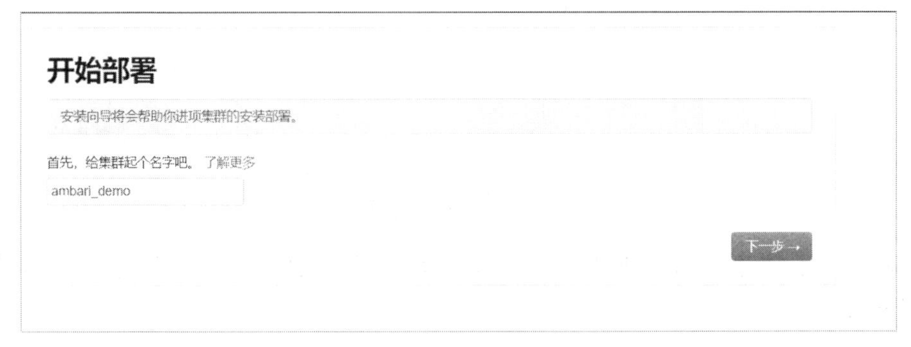

图 8-10　集群命名

（2）选择要使用的 HDP 源，如图 8-11 所示。

图 8-11　选择 HDP 源

（3）安装选项。输入集群的主机名，选择“执行手动注册主机，不使用 SSH。”单选按钮，单击“注册并确认”按钮，进入下一步，如图 8-12 所示。

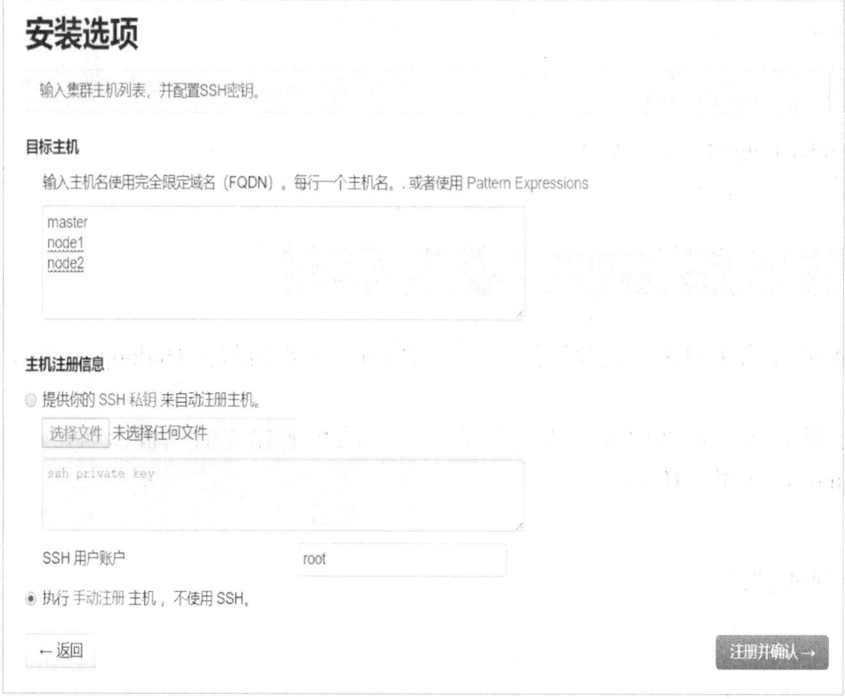

安装选项
输入集群主机列表，并配置SSH密钥。
目标主机
输入主机名使用完全限定域名（FQDN）。每行一个主机名。. 或者使用 Pattern Expressions
master
node1
node2
主机注册信息
提供你的 SSH 私钥 来自动注册主机。
选择文件 未选择任何文件
ssh private key
SSH 用户账户
root
执行 手动注册 主机，不使用 SSH。
← 返回
注册并确认 →

图 8-12　安装选项

（4）确认主机。查看主机注册进度，看看状态是否显示为成功，然后单击“下一步”按钮，如图 8-13 所示。

确认主机
注册主机
请确认主机列表，并移除所有不在集群中的主机
移除选中项
显示: 所有 (3) | 正在安装 (0) | 正在注册 (0) | 成功 (3) | 失败 (0)
主机
进程
状态
操作
master
成功
移除
node1
成功
移除
node2
成功
移除
← 返回
下一步 →

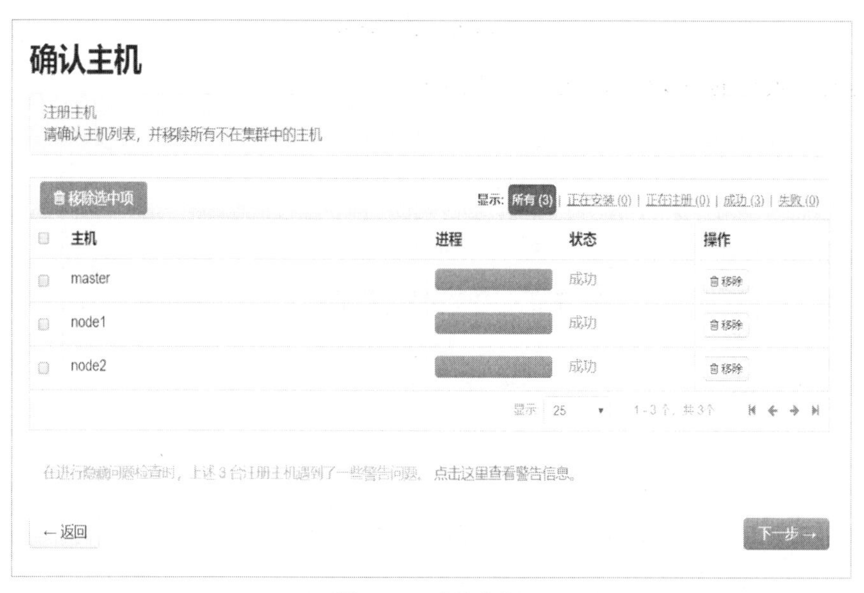

图 8-13　确认主机

（5）选择服务。选择在主机上需要安装的服务组件，默认安装 HDFS、YARN+MapReduce2、ZooKeeper 3 个基本服务，单击“下一步”按钮，如图 8-14 所示。

选择服务
选择你想要安装在集群中的服务。
服务
版本
描述
HDFS
2.7.1.2.4
Apache Hadoop分布式文件系统
YARN + MapReduce2
2.7.1.2.4
Apache Hadoop第二代MapReduce（YARN）
Tez
0.7.0.2.4
Hadoop数据处理应用程序的新分布式执行框架。
Hive
1.2.1.2.4
数据仓库系统针对点对点查询 & 大量数据集合和数据表分析 & 存储管理服务
HBase
1.1.2.2.4
非关系型分布式数据库，加上 Phoenix，低延迟应用的高性能SQL层。
Pig
0.15.0.2.4
用于分析大型数据集的脚本平台
Sqoop
1.4.6.2.4
TApache Hadoop和结构化数据存储如关系数据库之间的大数据传输工具
Oozie
4.2.0.2.4
执行Apache Hadoop jobs的工作流引擎服务器。包括可选的 Oozie Web Console的安装，它依赖 ExtJS 选择之后将会安装ExtJS。
ZooKeeper
3.4.6.2.4
提供高度可靠的分布式协调的集中式服务
Falcon
0.6.1.2.4
数据管理与处理平台
Storm
0.10.0.2.4
Apache Hadoop的流处理框架
Flume
1.5.2.2.4
高可用的，高可靠的，分布式的海量日志采集、聚合和传输的系统
Accumulo
1.7.0.2.4
鲁棒性，可扩展的，高性能的分布式密钥/值存储。

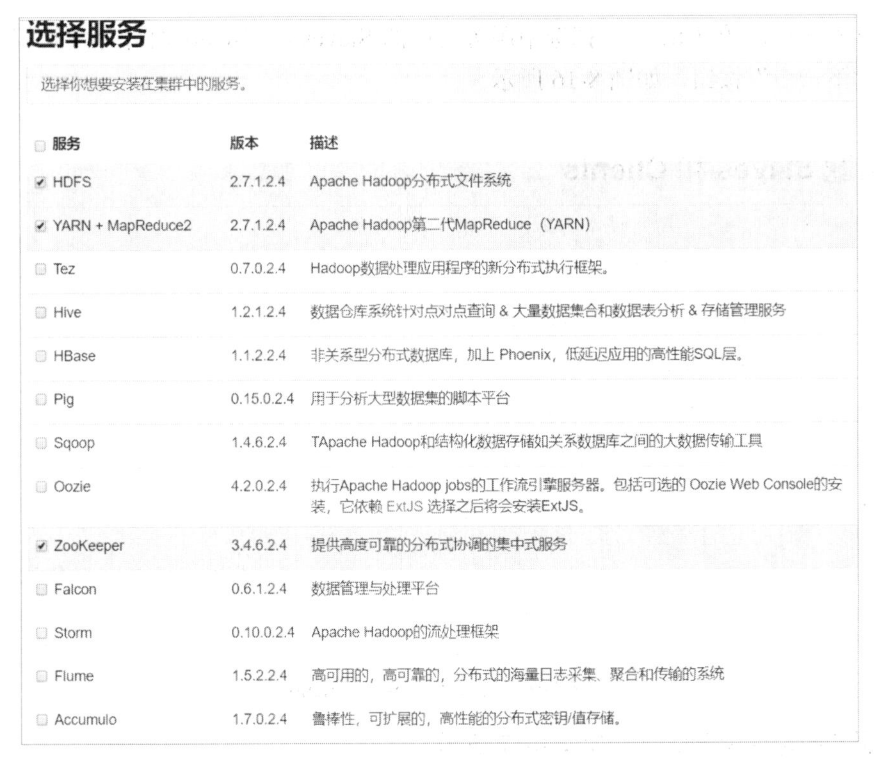

图 8-14　选择服务

（6）分配 Master。把选中服务对应的 Master 组件分配给相应的主机，然后单击“下一步”按钮，如图 8-15 所示。

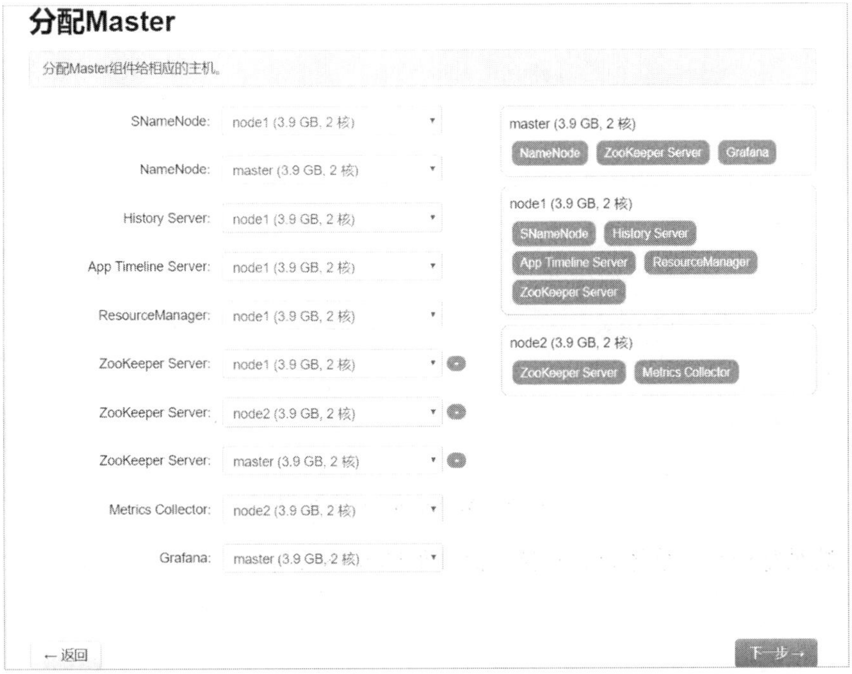

分配Master
分配Master组件给相应的主机。
SNameNode: node1 (3.9 GB, 2 核)
NameNode: master (3.9 GB, 2 核)
History Server: node1 (3.9 GB, 2 核)
App Timeline Server: node1 (3.9 GB, 2 核)
ResourceManager: node1 (3.9 GB, 2 核)
ZooKeeper Server: node1 (3.9 GB, 2 核)
ZooKeeper Server: node2 (3.9 GB, 2 核)
ZooKeeper Server: master (3.9 GB, 2 核)
Metrics Collector: node2 (3.9 GB, 2 核)
Grafana: master (3.9 GB, 2 核)
master (3.9 GB, 2 核)
NameNode
ZooKeeper Server
Grafana
node1 (3.9 GB, 2 核)
SNameNode
History Server
App Timeline Server
ResourceManager
ZooKeeper Server
node2 (3.9 GB, 2 核)
ZooKeeper Server
Metrics Collector
← 返回
下一步 →

图 8-15　分配 Master

（7）分配 Slaves 和 Clients。把选中服务对应的 Slaves 和 Clients 组件分配给相应的主机，然后单击“下一步”按钮，如图 8-16 所示。

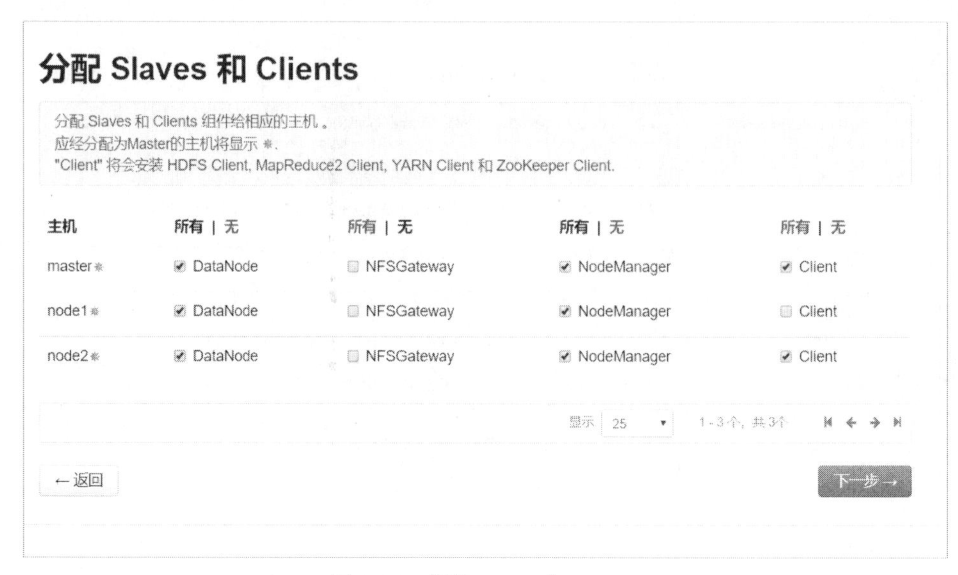

图 8-16　分配 Slaves 和 Clients

查看服务的每项配置信息，如图 8-17 所示。

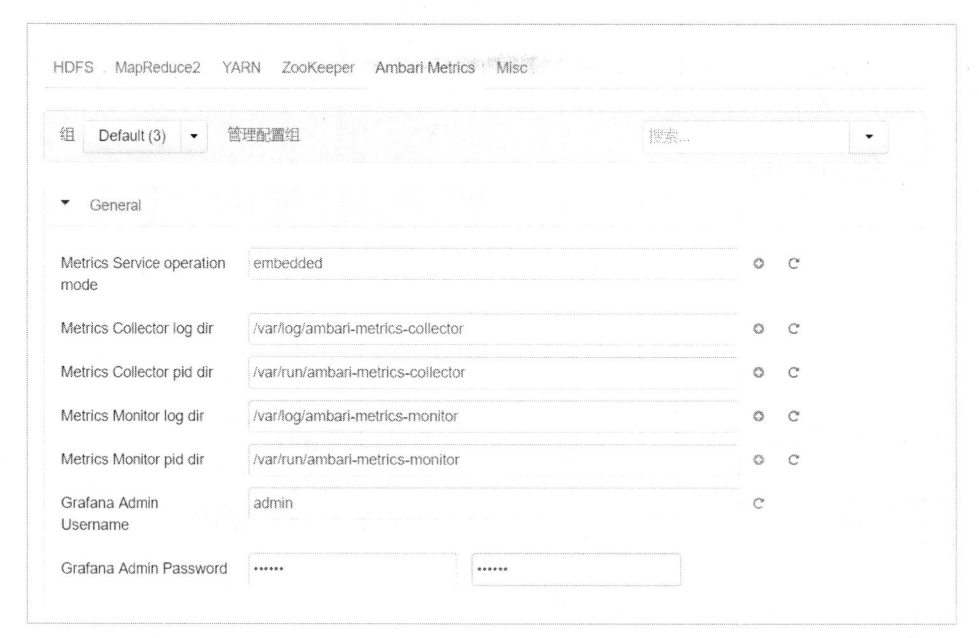

图 8-17　Ambari Metrics 配置

（8）安装纵览查看。整体查看概括信息，如图 8-18 所示。

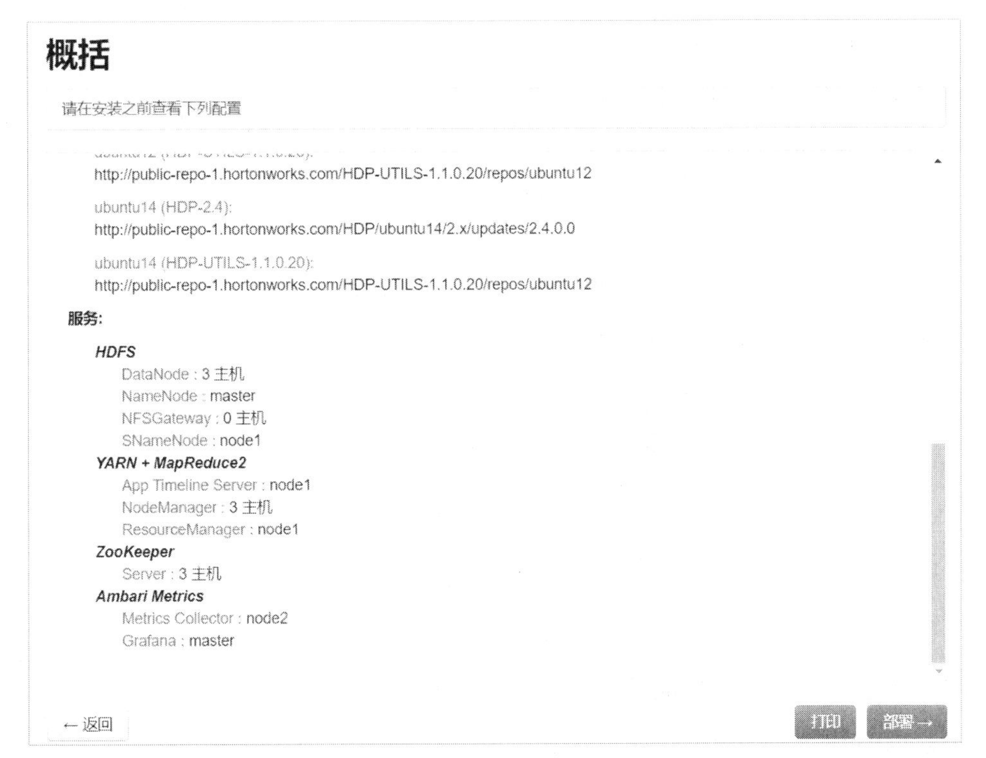

图 8-18　整体查看概括信息

（9）安装成功后，回到控制面板，如图 8-19 所示。

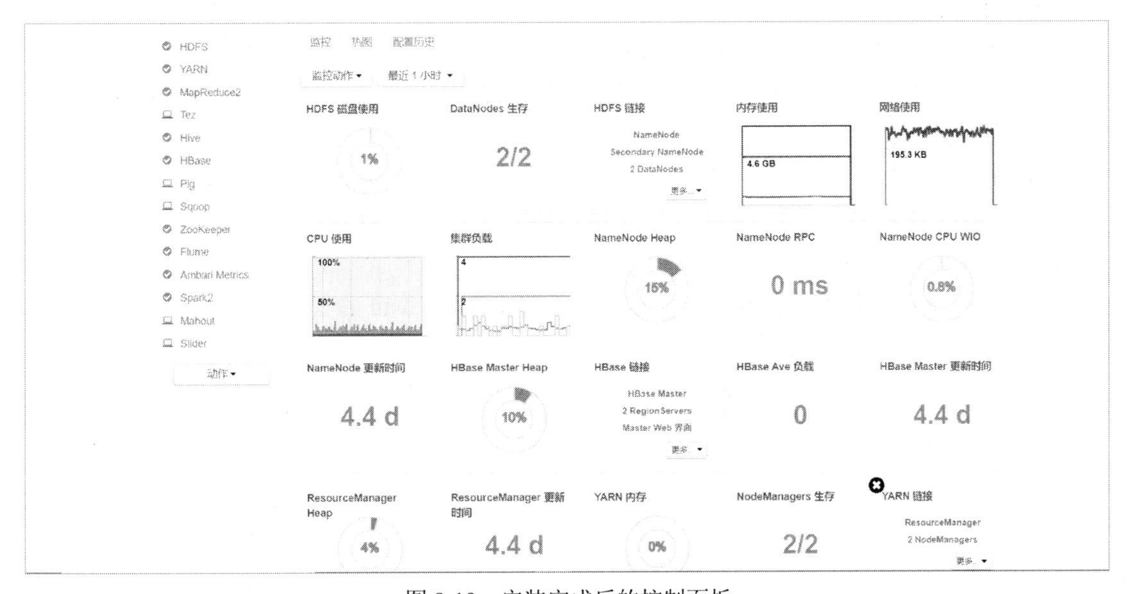

图 8-19　安装完成后的控制面板

在所有节点上输入如下命令，查看服务状态。

```
jps
```

如图 8-20 所示为 master 节点开启的服务。

```
[root@master ~]# jps
17360 NameNode
17120 QuorumPeerMain
23412 -- process information unavailable
18917 ApplicationHistoryServer
12310 AmbariServer
20263 NodeManager
18889 HMaster
18106 HMaster
18620 HRegionServer
29870 Jps
16831 DataNode
```

图 8-20　master 节点开启的服务

如图 8-21 所示为 node 节点开启的服务。

```
12801 ApplicationHistoryServer
10065 DataNode
15586 HRegionServer
10419 SecondaryNameNode
16790 RunJar
11542 JobHistoryServer
13414 ResourceManager
13080 NodeManager
18220 RunJar
18956 RunJar
17565 Jps
7565 QuorumPeerMain
```

图 8-21　node 节点开启的服务

至此，Hadoop 大数据集群部署完成。

课后练习

一、选择题

Ambari 可以提供如下哪些服务？（　　）

A．供应一个 Hadoop 集群　　B．管理一个 Hadoop 集群　　C．监听 Hadoop 集群

二、填空题

Ambari 可以分为 5 个大的组件，分别是__________、__________、__________、__________、__________。

三、操作题

请按本章讲解的步骤安装 Ambari，并建立一个名为 bigdata 的集群。

附录 A

课后练习参考答案

第 1 章　课后练习参考答案

一、选择题

D C D C C

二、填空题

1．数据容量大，数据类型多样性，数据处理速度快，数据价值密度低

2．结构化数据，非结构化数据，半结构化数据

3．HBase，Hive，Sqoop

4．轻量级的，可移植的

5．PB

第 2 章　课后练习参考答案

一、选择题

B D B C B

二、判断题

1．错误　　2．正确　　3．正确　　4．错误　　5．错误

第 3 章　课后练习参考答案

一、选择题

B D B A

二、填空题

1．authorized_keys、id_rsa、id_rsa.pub、known_hosts

2．hadoop-env.sh、core-site.xml、hdfs-site.xml、mapred-site.xml、yarn-site.xml

第 4 章　课后练习参考答案

一、选择题

A D C D A

二、判断题

1．错误　　2．正确　　3．正确　　4．错误　　5．正确

第 5 章　课后练习参考答案

一、选择题

1．B　　2．ABD　　3．C

二、简答题

1. 简述 Hive 和数据库的异同。

答：

（1）查询语言。由于 SQL 被广泛地应用在数据仓库中，因此专门针对 Hive 的特性设计了类 SQL 的查询语言 HQL。熟悉 SQL 开发的开发者可以很方便地使用 Hive 进行应用程序开发。

（2）数据存储位置。Hive 是建立在 Hadoop 之上的，所有的 Hive 数据都是存储在 HDFS 中的。而数据库则可以将数据保存在块设备或本地文件系统中。

（3）数据格式。在 Hive 中没有定义专门的数据格式，数据格式可以由用户指定。用户定义数据格式需要指定 3 个属性：列分隔符（通常为空格、"\t"、"\x001"）、行分隔符（"\n"）及读取文件数据的方法（在 Hive 中默认有 3 种文件格式，分别为 TextFile、SequenceFile 及 RCFile）。由于在加载数据的过程中不需要进行从用户数据格式到 Hive 定义的数据格式的转换，因此，Hive 不会对数据本身进行任何修改，而只是将数据内容复制或移动到相应的 HDFS 目录中。而在数据库中，不同的数据库有不同的存储引擎，并且定义了自己的数据格式。所有数据都会按照一定的组织结构存储，因此，数据库加载数据的过程会比较耗时。

（4）数据更新。由于 Hive 是针对数据仓库应用而设计的，而数据仓库的内容是读多写少的，因此，在 Hive 中不支持对数据的改写和添加，所有的数据都是在加载的时候确定好的。而数据库中的数据是需要经常进行修改的，因此，可以使用 INSERT INTO ... VALUES 命令添加数据，使用 UPDATE ... SET 命令修改数据。

（5）索引。Hive 在加载数据的过程中不会对数据本身进行任何修改，甚至不会对数据进行扫描，因此也没有对数据中的某些 Key 建立索引。当 Hive 要访问数据中满足条件的特定值时，需要暴力扫描整个数据，因此访问延迟较高。由于 MapReduce 的引入，Hive 可以并行访问数据，因此，即使没有索引，对于大数据量的访问，Hive 仍然可以体现出优势。而在数据库中，通常会针对一个或几个列建立索引，因此，对于少量的满足特定条件的数据的访问，数据库可以有很高的效率、较低的延迟。由于数据的访问延迟较高，从而决定了 Hive 不适合进行在线数据查询。

（6）执行。Hive 中大多数查询的执行是通过 Hadoop 提供的 MapReduce 来实现的（类似 select * from tbl 的查询不需要 MapReduce）。而数据库通常有自己的执行引擎。

（7）执行延迟。Hive 在查询数据的时候由于没有索引，需要扫描整个表，因此延迟较高。另一个导致 Hive 执行延迟高的因素是 MapReduce 框架。由于 MapReduce 本身具有较高的延迟，因此，在利用 MapReduce 执行 Hive 查询时，也会有较高的延迟。相对地，数据库的执行延迟较低。当然，这个低是有条件的，即数据规模较小。当数据规模大到超过数据库的处理能力的时候，Hive 的并行计算显然能体现出优势。

（8）可扩展性。由于 Hive 是建立在 Hadoop 之上的，因此 Hive 的可扩展性和 Hadoop 的可扩展性是一致的。而数据库由于 ACID 语义的严格限制，可扩展性非常有限。

（9）数据规模。由于 Hive 建立在集群上，并且可以利用 MapReduce 进行并行计算，因此可以支持很大规模的数据；对应地，数据库可以支持的数据规模较小。

2. 简述传统数据库遇到的问题。

答：

（1）当数据量很大的时候无法存储。

（2）没有很好的备份机制。

（3）当数据达到一定数量后，运行速度开始变得缓慢。当大到一定程度后，传统数据库基本无法支撑。

3．简述 HBase 的优势。

答：

（1）支持线性扩展。随着数据量的增多，可以通过节点扩展进行支撑。

（2）数据存储在 HDFS 上，备份机制健全。

（3）通过 ZooKeeper 协同查找数据，访问速度快。

（4）写入性能高，且几乎可以无限扩展。

（5）海量数据（100TB 级别）下的查询依然能保持在 5ms 级别。

（6）存储容量大，不需要做分库分表，并且维护简单。

（7）表的列可以灵活配置，一行可以有多个非固定的列。

第 6 章　课后练习参考答案

一、简答题

1.

（1）推测或解释数据，并确定如何使用数据。

（2）检查数据是否合法。

（3）给决策者提供合理化的建议。

（4）诊断或推测错误的原因。

（5）预测未来发展趋势或事态发展方向。

2.

（1）设计分析。

（2）数据获取。

（3）数据处理。

（4）数据分析。

（5）数据的可视化。

3.

（1）数据挖掘。

关于数据挖掘，不同的学者给出了不同的定义。一种比较全面的定义是，数据挖掘（Data Mining）就是从大量的、不完全的、有噪声的、模糊的、随机的实际应用数据中，提取隐含在其中的、人们事先不知道的、但又是潜在有用的信息和知识的过程。数据挖掘常用的算法有分类、聚类、回归分析、关联规则、特征分析、Web 页挖掘、神经网络等。

（2）机器学习。

机器学习（Machine Learning）是一门讨论各式各样的适用于不同领域问题的函数形式，以及如何使用数据有效地获取函数参数具体值的学科。从方法论的角度来看，机器学习是计算机基于数据构建概率统计模型，并运用模型对数据进行预测与分析的学科。

（3）深度学习。

深度学习是指机器学习中的一类函数，通常指的是多层神经网络。很多深度学习的算法是半监督式学习算法，用来处理存在少量未标识数据的大数据集。常用的算法有受限玻尔兹曼机（Restricted Boltzmann Machine，RBM）、深度信念网络（Deep Belief Network，DBN）、卷积神经网络（Convolutional Neural Network，CNN）、堆栈式自动编码器（Stacked Auto-encoders）等。

4.

（1）模型选择。

（2）模型训练。

（3）模型预测。

5. 略

二、编程题

略

第 7 章　课后练习参考答案

一、选择题

C A A B D

二、判断题

1. 错误　　2. 正确　　3. 错误　　4. 错误　　5. 错误

第 8 章　课后练习参考答案

一、选择题

ABC

二、填空题

Ambari-server、Ambari-web、Ambari-agent、Ambari-metrics-collector 和 Ambari-metrics-monitor

三、操作题

略